聪明女人只做对的事

[韩] 全美玉 著
王瑞琢 译

时代文艺出版社

图书在版编目（CIP）数据

聪明女人只做对的事 / （韩）全美玉著；王瑞琢译．—长春：时代文艺出版社，2016.8

ISBN 978-7-5387-5173-4

Ⅰ．①聪… Ⅱ．①全… ②王… Ⅲ．①女性－修养－通俗读物 Ⅳ．①B825-49

中国版本图书馆CIP数据核字（2016）第057751号

出 品 人 陈 琛
产品总监 郭力家
责任编辑 曾艳纯
装帧设计 陈 阳
排版制作 吴 桐

吉林省版权局著作权合同登记 图字：07-2015-4578号

聪明女人只做对的事

［韩］全美玉 著 王瑞琢 译

出版发行 / 时代文艺出版社
地址 / 长春市泰来街1825号 时代文艺出版社 邮编 / 130011
总编办 / 0431-86012927 发行部 / 0431-86012957 北京开发部 / 010-63108163
官方微博 / weibo.com / tlapress 天猫旗舰店 / sdwycbsgf.tmall.com
印刷 / 三河市万龙印装有限公司
开本 / 880mm × 1230mm 1 / 32 字数 / 129千字 印张 / 6.25
版次 / 2016年8月第1版 印次 / 2016年8月第1次印刷 定价 / 28.00元

图书如有印装错误 请寄回印厂调换

前言

梦想有多大 就会飞多远

英国社会学家安东尼·吉登斯说过：21世纪社会变动的核心是女性。

21世纪国家竞争力与女性社会活动参与程度是息息相关的，这与很多专家的预言基本吻合。无论是在学校中，还是在社会上，到处都有很多活跃的女性让人眼前一亮。她们是学校中的优等生，是社会上的佼佼者。司法人员、医生、专利申请代理人、会计师以及陆海空三军、士官学校警察、政府等传统的被认为只有男性胜任的领域里，女性也在不断增加。女性想要参与社会活动的热情与欲望在暴风式增长，以至于让人们不禁产生疑问：

那么多男性都去哪儿了？

哪些事女性不能做？

我们为什么要为了找到好的工作而特别努力地学习？虽然答

案有很多种，归结到一点：那是唯一可以不分男女来证明自身价值，证明自身有用之处的最好方式。每天都能确认自己存在在这个世界上是有价值的，是件幸福的事。拥有这样的幸福感不但有利于达成自己的目标，也有利于激励你为社会经济做贡献从而实现自己的梦想。

但是女性的职业道路并不是顺畅的。忙碌且受伤害的日子接踵而来。职业女性既有能力又能干、人际关系又好，为什么生活还是如此不顺呢？职业女性在工作中不知不觉被别人抢了劳动成果，已经司空见惯。如果你的上司是男性或者你必须要和其他同事共同完成一项工作时，以下令人气愤的情况是很常见的：

男性上司对你在工作中表现出来的积极性或欲望会冷淡对待；

你用新的视角想出来的点子会被男性同事巧妙地重新编辑并抢走；

你若对公司的行为稍有怀疑就会被调到不相关的部门；

驻外工作、长期出差、加班，虽然这些你都可以做到，但安排工作时还是常常会被排除在外，还会被说成女性做事缩手缩脚；

平时上司对你的工作能力非常认可，但是到了动真格的时候好事往往会降临在男同事头上。

事实上，与男性相比，受到不公平的对待是从上个世纪起就令女性头疼的事。那些被固定在桌子前做固定事的女性，不懂支配社会生活的规则。女性们虽然在为了自己的目标而去工作的情况下，可以发挥出她们卓越的能力，但是，在与很多人一起协作为了组织的目标而工作的过程中，可以看出很多女性并不熟练。

近年来，人类平均寿命延长和人口老龄化、低出生率的问题日益明显，“经济寿命2050时代”的话题不断涌现。为了经营退休后变长的人生，延长个人的经济寿命成为人类重要的课题。为了从20岁左右开始的以后50年时间能够充满能量地工作，对女性个人能力的开发就变得格外重要。这一工作正在逐渐完善。

这本书要告诉女性朋友：职场中不仅要发挥个人专业能力而且要找到自身价值，这需要女性充满激情地做事。充满激情地做事是由设定专业姿态、沟通与表达的技巧、职场人际关系的秘诀、自我设计和自我管理等几个部分组成，在书中把这几个部分总结成“渴望——燃烧——修炼——抑制——暴露——发挥——沉淀”7个步骤，为正为此苦恼的你们提供参考。

和自作聪明的人相比，那些与同事们能够很好沟通并融入其中的贤明的人，才是真正能够做好事情的人。细腻的技术和有效的秘诀能够给予那些真正想要做好事情的女性巨大的帮助。

特别是帮助那些在集体中受煎熬的，不知道自己为什么要工作、为什么在这样的环境中工作的人，帮助你们重新思考并找回初心。不以自己拿到的薪水作为目标，而是通过工作来找到自身的价值。

处于工作状态中的女性在热情地奔跑。但是在集体中的价值微乎其微的女性人数远远超过那些正在充满激情地奋斗的女性。现在请这些女性朋友张开翅膀，尽情地飞翔吧！

全美玉

目录

Part 1 | 渴望　她们渴望工作

女主角奖是你的目标吗？_003

弓箭瞄准的地方 _007

说出来了就要去做 _010

使我强大的对手 _013

拥有超越自己能力的梦想 _016

百分之百的信任是实践的原动力 _018

60 岁开始也不晚 _020

请马上开始行动 _023

画一幅成功的画 _026

Part 2 | 燃烧　充满激情地去做事

在困难中寻找成功的缝隙 _031
勿以事小而不为 _034
从始至终都相信我的后援者“我”_038
独立做事 _041
跨过障碍物 _044
制造失误的我 _047
要有勇气摸着石头过河 _050
百分之一不干净的霉 _053

Part 3 | 修炼　在黑暗中发光

堂堂正正地展示“我”_059
一点儿一点儿积累内在吧 _062
支配生活的法则 _065
投资对象 1 号——“我”_068
从专业变成专家的方法 _071
我是 CEO_074
热心是福 _077
不变的美德、责任和忍耐 _080

Part 4 | 抑制 等待时机再出发

人际关系的幅度是人生的幅度 _085

把别人变成我的人要看我的表现 _088

没有免费的人际关系网 _091

不同方式建立的关系 _094

去关心别人吧 _097

珍惜小的缘分 _100

滴水穿石 _103

恋爱的经验也是财产 _106

Part 5 | 暴露 展示你的颜色和风格

致命的魅力 _111

第一印象好的人 _114

和看起来不一样的魅力 _117

拒绝平庸 _120

展现自我的生活方式 _123

请帮助我 _126

时尚是战略 _129

形象管理 _132

Part 6 | 发挥　我有什么不同

享受工作是最强的竞争力 _137
幽默是幸运的钥匙 _140
战略性的自我宣传 _143
机会只留给有准备的人 _146
好好说话 _149
比才能更被看好的优势 _152
回头看火花溅起来的地方 _155
如果无法遮挡就显露出来吧 _158

Part 7 | 沉淀　累积、展示然后去守护

和自己的约定 _163
和他人的约定 _166
自我节制的奥妙 _169
手指间遗漏的时间 _172
不停地接受关心 _175
万事开头难 _177
对别人宽容对自己严苛 _180
通过独处了解自己 _183
女性的时代 _186

Part 1

渴望

她们渴望工作

瞄准比自己能力更高的梦想时，

你就能直面自己的极限。

超过自己事先设定好的极限时，那种过瘾的成就感，

是用什么都换不来的。

女主角奖是你的目标吗？

●通过完美的演技而重生

今天再看那些巨星级演员们刚出道时的演技，难免会发出感叹。从《狗一样的人生》的导演莱塞·霍尔斯道姆的另一作品《不一样的天空》中，可以看到初涉影坛的莱昂纳多·迪卡普里奥令人震惊的初期演技。他在剧中饰演总是喜欢爬上高处的吉尔伯特的弟弟阿尼，这个角色本身有些智力障碍，迪卡普里奥展现了足以预见在今天成为世界著名演员的演技。他向初次看他表演的观众们展现了完美的演技，以至于让他们发出“真的是聘请了有智力障碍的人吗”这样的感叹。

与此类似的情况，文素利通过《绿洲》加入了明星行列。由于她把自己完全融入了因肌肉痉挛而引起的身体扭曲肢障人角色，她也从中得到了以后任何角色都能胜任的自信。那些没有看任何关于《绿洲》这部电影本身和演员新闻的人，在看了《绿洲》后都表现出惊讶，并议论纷纷——怎么选了有肢体障碍的人做主角？可以看出文素利对于角色的完成度很高。

但是，得到“演技臭”的差评后，以某个作品为起点变成真正的演技派的情况也会发生。以作家卢熙京的电视剧《再见单身》为起点，演技开始有所提高的演员金敏喜，通过边永珠导演的电影《火车》得到了“金敏喜的再发现”的称赞，并被认可为实力派演员。影片中金敏喜从一个快要结婚的幸福女人变成一个不知自己身份的谜一样的女人。边永珠导演说“没有比金敏喜做得更好的演员了”。

演员做梦都想得到完美的演技。通过演技可以感受其他人的人生。真正的演员的演技不能单纯地说成“模仿”。因为哪怕只是某个瞬间也是使出浑身解术完全地投入到那个角色中的。无论是出道初期就展现出独特潜质的演员、还是经历了漫长的无名岁月最终有所成就的演员，为了完美的演技而努力，现在已经达成目标，这个事实是最重要的。

谁都有早期艰难生涩的时候。不要因为一时不顺就感到备受挫折。比起昨天，要看今天是否有所提高，进而来展望明天。不要忘记我才是我的人生的主角，要立足于当下全力奋斗。

●主人公的生活，普通人的生活

我们的人生也需要完美的演技。如果我们的演技只停留在不自然的模仿中的话，谁都不会注意到我们的生活；如果我们尽全力忠实于自己向大家展示我们的生活的话，就会得到喝彩。想要实现我们的人生目标，通过完美的“自我管理”和“显露”，就需要付出巨大的心血。像观众们看到演员们优秀的演技不会认为是在表演一样，知道自己不足的一面，积极地努力改善自己、提升自己，是作为职业人应有的姿态。

生活中配角们几乎没什么苦恼也不会经历多大的考验。相反，主人公的境遇总是艰辛的，祸不单行。受冤枉和各种猜疑充斥在日常生活中，总是错开的爱情，这些才是等待着主人公的人生。即便是容易的事也要历尽艰辛使人变得焦躁。经历这些磨难的意思就是，既然担当了主人公的角色就要做好成为主人公的心理准备，无论遇到什么都要坚持下去，对得起“主人公”的身份。

一个人要成功，确实需要抵抗住舒适的诱惑。在被子里再睡一会儿的诱惑，因为就业难就产生结婚是不是好一些、可以过安逸生活的想法，遇到不好的事情就要逃避的想法，都要舍弃。对于自己的工作有专业意识并不断成长，没有人能只做自己感觉舒服并熟练的事。相比于自己的选择，遇到那些与自己的选择无关、既难又陌生又不舒服的事时能成为“专家”的人，都具有一个共同点——在苦难中表现出坚强并成功战胜苦难。

比起害怕成为女主人公而去经历反复无常的变化，接受角色并全身心地投入到角色中更好。要知道所有的事都要先放下恐惧，集中于自己要做的事并且以此为乐趣。想要改变就要把自己堆砌的墙推倒，不要太在意其他人的观点。否则的话就不会发现生活除了舒服安逸还有更多诱人的魅力。

不去做简单的事，要把简单的事交给别人去做，自己才会有精力锻炼成为鹤立鸡群的主人公。

弓箭瞄准的地方

●谁剪断了狗的绳索

有一只小狗被绑在家门口，感受着春晖在犯困，一直闭着眼睛偶尔身子会动一下。虽然一个孩子在淘气地对它做恶作剧，但是它也没什么反应。孩子捡来了树枝在狗鼻子上挠痒痒，狗也只是抬了抬头左右摇晃一下就又重新趴下纹丝不动了。那只狗一副不管怎样都不愿意挪动的样子。

过了一会儿主人来了，将饲料放在盘子里，狗的态度一百八十度大转变，突然恢复了生气向盘子跑去。正想吃一口的时候孩子讨人厌地使劲将盘子向远处推走了。虽然狗使出全身力气拖着绳索向盘子方向走去，但是盘子被放在它差点儿就能吃到的地方，结果是最终也没吃到。狗几乎抱着必杀的心态向着食物的方向将绳子拉到最长。但是越是那样孩子越是将盘子向远一点儿的方向挪去。

狗的绳索是用橡胶做成的，狗誓死要吃到食物，于是绳索在不断地慢慢变长。孩子一点儿一点儿将盘子向远处挪动，突然绳索被挣断了。孩子受到惊吓逃跑了，狗胡乱地吃着盘子里的食物。

狗分明是因为目标出现了才突然改变的。无论谁碰它都绝不动的狗，为了吃到东西最终将绑着自己的绳索弄断了。这样的目标意识使狗的极限“绳索”被征服了。平庸的生活就是长期捆绑着自己的绳子，当到了绳子分明一直缠绕着自己却感觉不到的时候，就很难找到自己能力的极限了。

如果不希望自己的人生就那样随波逐流，没有对策只能被动接受伤害，就从现在开始明确生活的方向，开始设定自己人生的靶子。

●是什么让我动起来了呢？

想要实现目标，比起瞬间的喜悦，更要集中于自己的目标并为此献身。我们设立了目标就要积极地马上行动起来。如果目标不是有明显的成就感并充满意义，就要重新设立。判断目标是否正确，最好的基准是：这个目标是不是让我行动起来了呢？

生活的目标是要找到自己必须要走的路。有明确目标的人绝不会原谅浪费时间的行为。将时间掰开分配到所需的事情上，发挥让人惊讶的能力。设定好能让我们行动起来的目标，让我们的人生不再浪费时间，就没有要犹豫的理由了。

有目标的人人生地基很深。即便是受到致命的打击也不会被轻易动摇。如果有被打击撼动的情况发生，重新振作的速度也会很快，会尽快回到自己的位置上。

短期的目标意识是不行的。设定一个至少关系到人生一半的目标，然后再分阶段设定目标。人们的境遇或者生活环境无论何时都在发生变化，要使自己变成有变化的生活中的主人公。这是有史以来在这片土地上生活过的人们用生命证明过的事实。

像白纸一样没有目标或者战略的情况下，底画要画得大些。然后用清楚的颜色来画实线，为了找到我们的欲望是什么，我们最迫切想要做的是什么，从今天开始更加努力勤奋地做自己心中最想做的事吧。

说出来了就要去做

●将传闻变成现实的钢铁女人

“我明年要去美国旅行。”

“我一年要将英语的生活用语完全精通。”

“我一个月内要将一首流行歌曲完全消化。聚餐的时候在KTV唱给大家听，要给我打分哦！”

M股份公司女职工工会的会长，34岁的S总是这样说。

“我会做的。”

“我会做的，到时候给我打分。”

“我会做的。会累吗？看我能不能做到吧。我认为我能做到！”

S做什么事都要经常宣告来引起其他人的关心。于是关系最好的后辈K下班后向S问道："前辈，真的要去美国吗？最近经济也不景气，还要学英语，能行吗？几年来一个人也不容易。那样告诉大家不会有负担吗？"

于是S回答："我亲爱的后辈。不知道只有散播了传闻才能做到吗？散播了传闻不去做的话会不好意思，有负担才会咬紧牙关去做。要把想做的事散播出去。还有，不想丢人现眼的话一定要认真去做。之前我散播出去的事有哪些是没有做到的吗？"

K仔细想了想，明白了。事实上S前辈每次兴奋地宣布的事没有没做到的。K百感交集，既感叹S前辈将自己的计划先散播然后变成现实，又想要赞扬S前辈那些为了努力而隐藏的汗水。K相信，S前辈明年一定会去美国旅行，而且还会掌握无论去哪儿都可以大概沟通的生活英语，也相信她的美国之行不会有所不便。

●享受困难的事，停止纠结

既要守护我们的价值观还要与其他人的思想和谐，需要很多的努力和强大的精神力量。但是即使我选择了明确的目标，听到周围的人你一句他一句的劝阻还能雷打不动，不改初衷，也很不容易。其实我们往往很看重其他人的眼光。朋友、家人、同事、上司等，不相信自己，把别人的想法、价值观和目光看得更重要。尤其是女性在日常生活中，对于不是很重要的东西也不能无视其他人的意见和想法。即使买一件衣服，如果同行的朋友或者同事觉得不怎么样，也会很容易放弃。

所以比起别人的眼光，更严重的障碍是自己制造的“墙”。由于现在所处的环境，过去的失误，还有认识的局限，而将自己关在“墙”里。长时间沉浸于那样的生活方式里，自己的价值观还有随着价值观而建立起来的目标，就会不知什么时候被忘掉，然后变得彷徨了。那样就会承受强大的压力和挫败感。

我最需要的是什么？

我拥有什么？

我应该准备什么？

挑战眼前任何事的时候都要先将这3个问题扔给自己，让潜在力和挑战精神深入铭刻于心。还有，在心里只为周围鼓励我们的人、相信我们并且称赞我们的人留位置就好了。坚信自己并有自己的方法，听到别人的意见也不能动摇自己。

使我强大的对手

●试着竞争一下

那是L与朋友们去江原道周末旅行回来的途中。离回家的路还有很远，一边想着“什么时候才能到家啊”，一边厌烦地开车。看着旁边坐着的朋友睡得很香，自己也偶尔会有困意袭来。其实旅途中自己开车的次数最少，这次想要跟人换班说出来会觉得不好意思，所以就继续向前开了。这时旁边驶过一辆吉普车，虽然天还不怎么暗却开了前大灯急速超过。

瞬间L像是发现了食物的猛兽一样，提高百倍警惕跟上了吉普车。因为吉普车超过了限速还在急速行驶，L决心追上吉普车。超过太多也不太好，紧跟也很累，所以决定一边保证安全驾驶一边竞争。吉普车完全没有察觉L在与自己竞争，所以，也没有改变车道来阻止L行驶。两辆车并驾齐驱，一起越过山坡，一起越过弯路。L误以为吉普车与自己的目的地相同。困意也不知道什么时候就不见了，厌烦感也飞走了。伴随着好心情一直向前行驶着。走着走着吉普车改变了线路进入了其他城市。那瞬间L有些不舍和遗憾。

但是L已经距离首尔的家很近了。剩下的距离还没来得及厌烦就已经能到家了。虽然与奔跑中的车相互竞争是有一些危险的，但是那样竞争后觉得很容易就到达目的地了。

恰当的对手可以成为我们的引路车。不知道累就把事情都完成了，当然也没有厌烦感。在长线比赛中更需要彼此不伤害对方的对手。人生是长线的比赛，和我们一起公平公正地竞争就是对我们的祝福。两个人中谁也不能先放弃，如果一个人放弃另一个人也会失去干劲儿。能够一起走到尽头、互相牵引的对手，最终也会成为很好的朋友。

●了解，然后去喜欢

好的竞争者不是轻易就能碰到的，自己也要成为值得对手尊敬的好的竞争者。要进行没有犯规没有耍赖的公正比赛。为了赢而去诽谤竞争者或者利用对方私生活试图去战胜对方，那已经是输了。越是亲密的关系，越要守住公平竞争的原则。在同一家公司上班，贬低同事或者诽谤同事，会表现出来露骨的劣等感。

有空就对对手加以赞扬更好。实在没有什么可称赞的也要找到细小的可以称赞的东西。还有，要是遇到他人正在诽谤别人的场合，尽快从这种场合中抽身出来，这样更容易获得他人的信任。在那种场合中听到的话，不要说出去。

当然我们更想先于对手得到认可并占有优势地位。但是执着于结果就很难在过程中有积极性。同事、上司或者后辈们，不要把这些人看成是竞争中要赢的对象，首先要做的是把他们当成自己好的陪练伙伴，或者把他们设定成自己认可的比自己强的对手，或者跟自己关系很好的朋友，因为任何人都有自己的优势和强项。把对方的优点和强项，比自己优秀的地方找出来并认可，表现出对此的尊重，更有利于竞争和相互成长。

世界著名画家马蒂斯和毕加索从第一次见面开始就互相了解并互相牵制，但是一直互相认可彼此的优点和天才性，并互相激发彼此的力量。就像蒸汽机能够不断运转是因为煤炭的不断供给一样，互相给予友情和尊重，表现出认可对方的姿态才能发展成为互相成长的关系。

拥有超越自己能力的梦想

●梦想其实可以更大

大部分的人根据自己的圈子来建立自己的梦想。不是那样吗？在自己的圈子范围内人们有所渴望并拥有梦想。比幻想更进一步，不是很荒唐的话都能在生活中实现。但是即使是谁都能实现的愿望对我们来说却很遥远，这是为什么呢？有可能是因为这是陌生领域的事情，也有可能是因为对现在的状态各方面都很满足，也有可能是因为即便对自己的现状有所不满但是还没有达到想打破现有状态的紧迫感。

对我们来说无论如何也实现不了，事先就放弃的事情，别人却很早就实现了。我们和那个人不一样的理由只是，他是抱着乐观的态度大大方方地实践来展示他的成就，我们是事先就抱着“因为年龄，我们真的做不来”这样沮丧的态度。

瞄准比自己的本事更高一点儿的梦想时，你就已经开始直面自己的极限了。超过自己事先设定好的极限时得到的那种过瘾的成就感，是用什么都换不来的。如果有自己想要实现的事，首先扔掉对失败的恐惧是很重要的。

要丢掉对于自己迫切地想得到的东西不知能不能得到、不知能不能实现的想法，才能有单纯的自信。对失败恐惧的话就一定会失败。扔掉对失败的疑虑和恐惧感，迫切地想要得到吧。

愉快地想象并行动，试着体会将好的预感传递到全身末梢神经的感觉吧。要将坚信自己能够做到，一定要将它做成的想法传递到身体和精神的各个地方。让心里的各个地方都听到“是的，我能”而不是“不，我不能”。所以，如果有想做却实在不能实现的事，不要扑灭自己心中的火苗，从现在开始找到想要实现的事，然后开始行动吧。

百分之百的信任是实践的原动力

●什么都没有也好

人们做事的理由是有自己想要实现的，有想要得到的。虽然人的欲望越来越大，但是也会慢慢发现有的东西得不到，有的东西没有必要得到。还有对其他人来说必要的东西对我们来说可能并没有用。这是当然的。只拥有我们自己需要的东西就行了。我们想要的东西并不一定是最好的那个。

幸福不是别人羡慕我们什么都得到了，而是我们知道什么是我们实实在在需要的东西，是我们拥有了我们真正喜欢的东西。什么都得到是不可能的。认真地去追求自己想要的东西的样子是最美的。

如今科技时代变化的速度太快，稍微有一点儿错过都会马上感觉被甩掉了很远。为了不落后于时代，竭尽全力的我们有时候看起来很可怜。如果归咎于当时我们不能跟上时代的步伐，现在需要改变这种想法。其实去探究变化的背后，就会知道社会发展趋势。经济环境、世界性趋势固然重要，但是比起抓住不超过6个月就会变的趋势，自己来掌握自己的速度、抓住自己的重心更为重要。

对于变化不能迟钝，但是要与流行保持距离。流行的有效期很短。因此勾画我们人生的地图还有设定我们人生的方向的时候要避开流行的影响。

可以把人生比喻成“马拉松”。分成几个时期去规划生活，不能和“百米赛跑”这样短距离的竞争记录作比较。面对长时间的、长距离的赛跑，要让呼吸均匀，不能着急。

60岁开始也不晚

●幸福的纯度是99.999%

谁才是幸福的人？不是找到了自己喜欢的工作的人吗？世界上很多不满意自己生活的人的理由，是不能做自己喜欢的事。从每天站着工作的超市收银员，到在大企业中工作的白领，对从事各种各样职业的女性挨个儿进行深入采访的话，经常会听到“本来我有其他想要做的事”这样的话。没有很多人能够做自己想做的事，提不起劲头也没有热情，只是不得已地去做现在的工作，熟练之后觉得可以承受，就这样继续生活下去。

从进入社会起就能做自己喜欢的事的人很少。大部分的人找工作时比起最初的“内心的渴望”会优先选择“现实的条件”和马上能享受到的利益。

要坚持寻找和自己喜欢的事相符的职业。即使是60岁的时候才找到也要从现在开始。60岁的时候找到，以后的10年间做自己喜欢的事来结束人生，和一辈子都没做过自己喜欢的事的人生相比，生活品质是不同的。

从现在开始寻找自己喜欢的事和真正迫切需要做的事吧。大多数在自己喜欢的领域成功的人往往事半功倍。是他们实在喜欢这份工作很自然的就产生热情，可以没日没夜地工作，达到了废寝忘食的程度，所以才成为了最好的专家。

一个赛季磨坏了150双芭蕾舞鞋、一天练习19个小时的芭蕾舞者姜素珍如果不是真的喜欢跳芭蕾舞，怎样消化那么大的练习量啊！是因为跳舞能够让她喜悦，所以明知道脚已经满是疮痍了还是跳了再跳。她用整个身体展示了如果不是自己喜欢的事，无论多努力也不会成功的。

和做自己真正喜欢的事的人较量，是不会赢的。对于真正喜欢的事全身心投入，那种热情和精神会传达给身边的每个人。也有可能遇到和你拥有共同目标的同志。努力是种美德，这话没错，但是只努力也是不行的。

要知道寻找自己最喜欢做的事，是人生最重要的过程。

●从排除自己最讨厌的事开始

不知道自己最喜欢的事是什么的人比想象中要多，怎么办？

这样的人是不了解自己的人。“你不了解我”“我了解我自己”这样的话说起来容易，然而事实并非如此。

首先重要的是关心自己。为了遇到真正的自己，要极为真诚地关心自己，深入地去了解自己的内心，稍微容易一点儿的办法是先找到自己不喜欢的事。在这里要注意的是，即便是高薪的工作，如果自己不喜欢或者实在找不出什么意义的话，要坚决列入不喜欢的名单中。

最后要回忆自己喜欢的事。“我做什么事的时候最开心最幸福？”“我做什么事的时候都忘记时间了？”要找到这样的经历。还有找到和现在做的工作可以连接的路。路有很多分支，在走的过程中无论错过几次最终仍然可以到达目的地。光是想象就觉得很开心，那就是成功地发现了自己喜欢什么。

不知道自己真正喜欢什么的人比想象中要多。

这是因为人们不了解自己。

为了遇见真正的自己要倾注诚意，关心自己。

光是想象就觉得开心，那就是成功地发现了自己喜欢什么。

请马上开始行动

●想要做却不能行动的原因

K女高时期的同学在著名的文化杂志那儿得了奖。K问那个朋友：“为什么选择了这样艰苦的精神劳动作为自己的出路？”朋友说是因为高中一年级时候的语文老师才会选择这条路。

K的朋友在乡下读初中，直到高中一年级第一学期结束才转学到城市。她已经习惯了一个学年只有3个班、极融洽的学习氛围，所以刚开始很难适应一个学年就有8到9个班级的“巨大的”学校。乡下学校里每个老师都能清楚地记得每个学生的名字，根据每个人的特点和个性来给予称赞和指导，然而在这个老师连她的名字都很难记住的学校里，师生之间很难产生感情。直到有一天语文老师留了关于读后感的作业。老师在课堂上一边朗读她的读后感，一边明确地告诉她的同班同学们她的读后感是“至今为止看到的最特别的读后感，最特别的写作手法”。那之后她神奇地喜欢上了语文课，语文学习变得更有趣了。暗自期待有关写作的作业多留一些，语文老师的每一句话都变成血变成肉，牢牢记在心里。慢慢的不知道什么时候她开始适应学校生活并觉得愉快，也找到了自我。

偶然的，只要一个称赞就开启了新的生活。

我们的生活也一样，没有周密计划的事有可能意外地获得成功。反而制订计划，长时间地考虑，慎重地想了又想的事情会变得像没有气的啤酒一样。运气不是一直在脑后，从身边经过时错过了就再也抓不到了。机会在眼前的时候要紧紧抓住。下围棋的时候也是一样，长时间地思考最终会下成一盘臭棋。

平常喜欢做的事突然有了想去做的动机，即使遇到阻力也能提起兴致轻松做好。因为害怕失败，事先做完美的计划书，不如边进行边将经历过的失误做修改，不要忘记这一点。

想要做，不要犹豫，马上行动吧。

●接连不断的惊喜

有目标意识的人对自己的事有热情并有恒心。他们不停地努力，享受长时间的等待后得到的成果。“享受”是最强有力的竞争力。发觉自己在做的事是有意义的，可以尽最大努力去完成，在心里描绘着10年、20年后未来的样子，事情也变得容易了。

但是即使是因为喜欢而开始的事情，随着时间的流逝变得没力气或者失去兴趣，也是常有的事。无论多喜欢的事都会有困难和障碍。为了战胜困难为自己准备礼物是必要的。为自己去策划惊喜吧。

如果现在正在学习的韩国语会话通过了中级会给自己什么礼物呢。和要好的朋友去高级的韩国料理饭店去吃饭，还是给自己买可以下载韩文歌的智能机？通过高级的话，去韩国进行4天3夜的旅行。将平常想做的事当作奖赏并去享受它。

设定一个个小的目标，实现的时候就用奖赏适当地激励自己、鼓励自己，这样会完全投入到事情中、激发自己最大的潜能。有明确的理由，具体的奖励，会更充满能量。

画一幅成功的画

●通过视觉化给自己催眠

成功的世界里没有王道，途径多种多样。模仿前辈也能成功，如果走新的路觉得害怕的话，按照简单的方法去模仿怎么样？

将自己的梦想视觉化。梦想可以是想要拥有的东西，可以是想要做的事，可以是想要成为的人。将想要得到的东西记下来，把想要做的事记下来。收集与自己的梦想有关的照片或者图画，将他们粘贴起来更好。想要的车，想要住的房子，想要的生活方式，退休后想要过的生活，关于这些的照片，旅行、高尔夫、骑马、游泳、滑雪、SPA等杂志中有自己喜欢的或者与自己梦想相关的果断剪下来放在枕边，或者贴在冰箱上、卫生间的镜子旁。每当看到这个“愿望展示板”脑海中都会浮现出想要的生活，由此会获得动力。

将自己想要成为的人，想要做的事，想要实现的梦想写在纸上并贴在墙上，有时候会觉得幼稚或者难为情。但是绝不是幼稚到没有价值的事。很多人通过这种视觉化“预览”自己的梦想并最终实现了梦想。

魔幻小说《哈利·波特》的作者，世界性的作家J.K.罗琳将自己想象的东西通过字变得视觉化了。J.K.罗琳将贫穷又吃力的现实设定成霍格沃茨魔法与巫术学校的角色，从建立魔法学校开始展开了想象的翅膀。把那些化成文字，把读者们带进了幻想的世界。《哈利·波特》热卖后罗琳也梦幻般地变成了富人。

所有的事都是按照自己的想法，自己迫切的愿望来实现的。人的心像磁铁一样将自己的想法吸引过来。享受将我们梦想中的事情贴到可以看到的地方，提前看到“我人生的预告片”吧。经常看到，内心一定会充满可以实现的预感。

我们梦想中的生活并不陌生，慢慢变得更熟悉，梦想离我们越来越近。

●从一件事开始做好

有这样一句俗语：“家里妻子好看，别人看到你家的门都会行礼。”妻子漂亮虽然与家里的门没有关系，人们想的却是“知道其一，就能知道其十”。就像问候的礼节做得很好，那么其他礼节也会很好一样，一个方面好其他的方面也会很好。

但是想要持续保持好的印象，“一次”是不够的。即使有好的第一印象，相处久了，稍有不慎会有让人感到虚伪的危险。始终如一的面貌对于自己在人前树立信任度有很大影响。

在世界各国拥有数不胜数的粉丝的好莱坞明星安吉丽娜·朱莉，无论是作为演员，还是长时间以来保持的私生活形象都得到了“表里如一”的称颂。十几年来她一直担任联合国难民机构大使，积极援助难民。她认为需要自己的地方是那些有战争的国家，而且不嫌弃地跑去援助。除了自己的孩子还领养了越南、柬埔寨、埃塞俄比亚的3个孤儿，改变了社会对领养的认识。外貌出众心灵也美的明星不是很多。安吉丽娜·朱莉通过认真的援助活动成为了巨星。

总是比约定时间早到的女人，不坐电梯喜欢走路的女人，吃完午饭换上白色运动鞋在附近散步的女人，每月的1号将值得读的书籍整理成新书目录通过邮件与同事分享的女人等，认真去培育提到这些就会让人想起是“我”的印象吧。这些事是花心思而不是花钱的事，也是需要花时间的事。

认真地行动起来，制作属于“我”的品牌吧。

Part 2

燃烧

充满激情地去做事

用破釜沉舟的心态去做事吧。

种过豆芽的人都知道，

只要不放弃目标，失败会像水一样流走，

力量会像豆芽一样茂盛地生长！

在困难中寻找成功的缝隙

●将“不可能”从字典里删除的拿破仑·希尔

分辨出那些还没开始就做不成事的人并不难。因为那种人从开始就很吵。解释和借口不算什么，连那些失去理性的话也随口说出，一直在啰嗦整件事做不成的理由。可以知道那种人是任何事都做不成的。

戴尔·卡耐基在成功学者拿破仑·希尔生日那天，将他的弟子们在他的成功学研讨会上听到的话整理成的一本厚厚的词典作为礼物送给了他。讲坛上的拿破仑·希尔拿出笔这样说道：“各位，得到这样帅气的礼物我觉得十分开心。但是我不能接受这个礼物，是因为这里面有我最不喜欢的词语。”说着拿起笔将词典中的“不可能”找出来划掉了。“好了。现在我能接受这本词典了。我不能接受将‘不可能’这个词放在里面的书。是因为目前为止我见过了太多曾经被看成不可能然后变成可能的例子。我确信这个世界上不存在‘不可能’这个词。”

心里想着的老是现有的环境或者条件。但是环境不是现成的而是自己创造的。所有的人都认为事情不像预期那样顺利进行就是累，就是难。可是越是困难的事越存在缝隙，存在我们不容易发现的死角地带。可能性就存在这些死角地带中。

●一次都没用过的力量

生活中总会有各种各样的事，只凭自己的力量实在解决不了，被称为人生中的“困难”。意志刚强的人孤军奋战，无论怎么做，倾注所有的努力，可是也没有方法解决。但是也有很多时候暂时停止脚步，呆呆地注视的瞬间突然出现了解决办法。

会有这样的情况：在某个电影里出现过的演员，可以清晰地记起长相，名字却好几天努力地去想怎么也想不起来。不单是演员的名字，与此类似的情况很多，因为想不起来而头疼，谁好像都会有这样的经历。想了又想还是想不起来，变得特别烦躁，想要忘记这事的瞬间，忽地就想起来了。为什么会那样呢？这是用理论说明不了的问题。之前没有用过的力气，像海豚突然冒出水面一样，我们的意识也突然冒了出来。那是潜在的意识。

潜在意识使大脑清醒。潜在意识可以制造新的想法，新的点子，还可以提供优秀的写作素材。不去干预你的人生而是为你指引人生方向的很多前辈，都能激发你的潜在意识，让它成为内心的原动力。用眼睛能看到的人类的能力其实是微不足道的。肉体的力量跟动物相比也没好到哪去，计算能力也比不上电脑。但是显露出来的不是我们的全部。把自己现有的能力想成是全部的能力是许多失败产生的原因。

激发自己的潜在意识吧。虽然直到现在都没用过，但是相信自己内在的力量并开始使用，什么事情都可以做成。

勿以事小而不为

●拥有的不多，失去的也不多

久负盛名的自我经营的专家高炳浩所长说：“拥有的不多，失去的也不多。”如实说出对前途的恐惧感。不顾曾经是代表理事的华丽的社会经历，2001年10月，离开了以职业经理人身份就职的公司，成立了名为“高炳浩经营研究所”的个人企业。他拒绝了各个研究所和大企业伸出的橄榄枝，决定要做凭借知识来做生意的企业。

“怎么会不恐惧呢？想到1亿5000万韩元的年薪就要没了，眼前一片漆黑。没有月薪的生活充满恐惧，全都放弃重新开始的决定很难。虽然也有为我的勇气鼓掌的人，但是究竟能不能吃上饭，能不能供孩子上学，这些困难开始在眼前闪过。”

但是对自己个性的了解击退了恐惧。相比在组织中任职，自己更适合单独成立企业发挥能力。在互联网和信息通信如此发达的情况下，产生了自己完全可以在家工作的自信。这样开始了自己可以做好的事业。

越是过去有着华丽经历的人越是害怕失败。什么都没有也没什么可失去的人不害怕做错事。

自己最近太无能了，觉得自己的人生中就没有什么做成的事。觉得自己既没有背景也没有朋友，什么都没有，太寒酸了。那样的话更好，害怕什么呢。没有积累下来的东西就谈不上什么失去或损失。这个时候是撼动恐惧的绝好机会。什么都不知道什么都没有的话，不就可以用整个身体去面对、去学习、去了解吗？从拥有很多的高炳浩所长身上可以学到的是放弃所有的勇气。其实他最终什么都没有失去。

●破釜沉舟

艺人们的人气好像经常是惯性下滑的。有很多起初人气高的艺人由于疏于自我管理，人气会瞬间跌到谷底，也有很多艺人经历了漫长的无名生涯，仍不放弃，最终让大家认识自己。

演员金明敏在遇到历史剧《不朽的李舜新》前，无论怎样努力都没有机会，甚至产生了移民的想法。但是现在金明敏成为了实力派演员，因为票房高身价也变高了。演员金仁权虽是经历了很长的无名阶段，但是那期间积累了扎实的演技内功，使他成为比主演更闪耀的配角，接下来也成为了《虹鳟》和《你好？你好？》的主演。

从一开始就只得到爱、没有遇到过任何困难的人，即使经历小的失败也会觉得受了很大的挫折。流过很多泪水的人在受挫期间却能积累很多内功，慢慢悟出成功的秘诀，那不是什么遥不可及的东西，是从“今天”开始要认真生活。人们很容易忘记过去，哪怕是跟自己有关的事，别人的过去就更容易忘记了。不管是艺人还是普通人，每一个“今天”都很重要。

经历了性绯闻人气跌到谷底的歌手×回归时，虽然因为反对粉丝的抗议和恶意的批评受了很多折磨，最终还是战胜困难东山再起了。接受采访的时候她流着泪说了这样的话：“经历了那件事，虽然特别痛苦但也学到了很多。”虽然不确定是什么，但是她学到的会不会是作为公众人物要注意自己的为人处事和自我管理之类的呢。作为一个“年轻的女孩儿”，将自己的所有全部揭露，虽然是很痛苦的经历，但是经历了那样的事，也为自己以后长久的演艺生涯打实了基础。不光只有失去，磨练中分明也留下了更重要的东西。

我们计划事情并想要实现它的时候，必然会害怕失败。但是克服恐惧的人是边失败边成长的。失败是花钱都买不来的重要的经历，是成功和成长的基石。成功的人背后失败的经历，有可能可以写成一本书了。那些人脚下踩着失败，坚实地走向了成功。

经常听到说女性没有毅力的话，是因为女性不会经常说“好吧，失败了又怎样，重新开始不就可以了”这样酷酷的有挑战精神的话。能够拥有为自己的目标而不放弃的韧性，是自己最大的财产。韧性是无论何时何地都能得到使用的无形财产。不要再恐惧了。

用破釜沉舟的心态去做事吧。种过豆芽的人都知道，只要不放弃目标，失败会像水一样流走，力量会像豆芽一样茂盛地生长！

从始至终都相信我的后援者“我”

●乡下出身的音乐专业大学生

她是在乡下长大的，在那里的学院开始学习钢琴。然后要上高中的时候来到首尔找老师接受辅导。她对于老师的指导总是能消化得很好，新学习的内容也很快掌握，才华横溢。但是老师也对她能否去上国内最好的大学半信半疑。老师总是有些遗憾地说“她哪怕是早一点儿来到首尔接受正规的辅导该多好啊”。

大学入学考试结果出来，笔试成绩虽然很好，实际操作能力却不太令人满意。可是她也很轻松地去参加了面试。原本的一丝紧张和害怕也在走进面试考场瞬间消失了。

“学作曲多久了？”

“有4年了。”

“以那样的实力可以进入我们这所名校吗？”

问她学习年头的面试官一边看着她的出生地，一边露出了有点儿嘲笑意味的微笑。脸上写着“既不出身于高等学校又是乡下孩子，才学了4年就想挑战啊！”她一点儿都没有紧张，不慌不忙地回答着。

“我从来没有想过积累经验后才来挑战这所学校，只是想着一定要来这所学校学习。我热爱音乐想要制作好的音乐。我尽了全力并相信自己才会走到今天。即使老师们把我淘汰也不会动摇我对自己的信任，也不会失望。”结束了面试，她猜想自己肯定落榜了，但是心里却很舒服并满足。

她最终以高分被录取了。

●扔掉总是问“这个怎么样”的习惯

女性逛街的时候更喜欢和其他人一起。看中了某个商品就会问同行的朋友“这个怎么样”。当朋友回答“不怎么样”的时候，一点儿都不会犹豫地将商品放回原处。朋友回答“嗯，好看，挺好的”这样的话，就会马上衣服也试，鞋子也试。

和朋友一起逛街时，选择商品时不听朋友意见的人是少有的。朋友觉得不怎么样自己觉得很好，一下就买的情况几乎没有。即便跟朋友有不同的取向，但是因为朋友的一句话瞬间就会改变想法。女性们对自己的判断会产生怀疑。选择是对还是错希望从别人那里得到确定。总是听从爸爸、妈妈、哥哥、丈夫的判断的女性，对自己的判断更加没有信心。

这方面脆弱的女性容易感觉到社会生活是紧张又岌岌可危的。这个时候应该怎么做那个时候应该怎么做，不能够进行判断，总是在手足无措中浪费时间。很容易变得烦躁，生活中老是心神不定，拖拖拉拉。

社会生活中需要相信自己，相信自己的判断和选择，并果断地做决定。我信任的东西不一定是要为我的判断做担保的，也有可能失败。但是要有无论成功还是失败我会为结果负责的自信。放弃对自己的判断有可能会失误的恐惧吧。

连我自己都不能相信自己，谁又能相信我，把事情交给我呢？

独立做事

●邀请被回绝，那就独自去剧场

某个网站上有电影试映会的活动，给50个人每人2张票；一个信用卡公司为了答谢优秀会员寄来了音乐会的票，也是2张；有了想去旅行的想法，看了一圈周围翻了一遍通讯录，物色可以一起去的朋友，给朋友打电话邀请一起去……

人们不管去哪儿都喜欢“一起”去。“一起”这个词从某种层面来讲是“关系指向性”的表达。去哪儿都是校友、同乡、亲戚，他们会凑在一起，甚至会另眼看待独自做事的人。在这样有着强烈关系指向性的人群，已经变质的集团利己主义横行已经不是奇怪的事了。

这样来看几个人一起做事会做好，独自做事能力较弱。特别是女性，特别依赖私人关系，这是女性首先要克服的弱点。就像孩子想要从父母的怀抱中走出来，需要面对单独站立的痛苦一样，女性们想要独自站立起来也会经历不少痛苦。所以现在的社会需要自己找出问题并解决，具有创意和随机应变能力的女性。

从简单的事开始做吧。看电影不一定非要找人一起去看。比起在咖啡厅跟朋友闲聊打发时间，不如独自去电影院感受一部电影。还有，独自吃饭吧。很多女性不知为何觉得这很难，就试着自己去饭店吃一次饭吧。试过之后，不管去哪儿，自己吃饭会变得容易，也有可能可以自己去旅行了。

万事开头难。只试一次自己吃饭自己看电影然后回家吧。其实不算什么难事。反而不知怎么的会很欣慰，下一次任何事都可以大胆地一个人去尝试，并有将它做好的信心。当今社会有团队意识虽然很重要，但是也需要遇到挑战自己去完成的能力。

●真正的自立是经济独立

无论精神上怎样强调自主独立都是空乏的。自己好像可以不去依赖其他人，不去撒娇，坚强地自己去解决，但总是觉得力量不够。

这是因为重要的独立没有实现——就是完全靠自己的能力生活下去的经济独立。花自己挣的钱并有积蓄，这才是真正的独立。

因畅销书《富爸爸和穷爸爸》《富人的阴谋》被我们所熟知的罗伯特·清崎的夫人金·清崎，通过《离奇的女人》一书受到了瞩目。她在书中强调：“女性想要得到真正的自由，首先要经济自由。”女人们总是突然间感到自己要为自己的生计负责，但是10个人中有8个人还没准备好。贫困的老人4个人中有3个是女人，她们都是丈夫在世的时候一点儿都不贫穷。由此看来女性们不能好好管理自己的财富的话，比男人变得贫穷的几率高。

说自由和坦然是以经济能力为基础的一点儿不为过。努力工作，为了可以堂堂正正地花钱。想要从贫困中摆脱出来，即使挣得不多也要制订符合实际情况的财务计划。精打细算的开销和谨慎的经济计划是必要的。如果投资能力不强就要精打细算将钱攒下来。

自立能力是以经济独立和游刃有余的生活来实现的。

跨过障碍物

●充满朝气地做事

我们的社会需要打破的墙有很多，最大的一堵墙是现在还将女性看成是过去的女性。无论是其他人还是自己不知不觉中都会有这样的想法：“恐怕女人都是这样的”。错误地看待女性，束缚了很多想要做事的女性的脚步。

女性们有时候也暗自想利用一下自己是女性的益处。例如为了避免一些险恶繁琐的事，知道也要假装不知道。女性们掉入自己都不知道是陷阱的陷阱，这时候有警示语可以及时地提醒一下自己就好了。

处于社会生活中的女性抱着消极的心态是不能做成任何事的。有进取心、有能动性、有强烈想要完成的欲望，这样才能走出困境。对想做的事情有渴望，迫切希望成功，如果自身的内向和消极的性格成为问题，也是可以勇敢地去改变的。

一开始重要的是不要让变化、改变变成很大的负担。禁止急躁。人可以轻易地改变吗？从细节改变开始。听到“女人味儿”这样的话不像以前那样低头害羞，而是用“但是工作的时候很男人”作答怎么样？

首先是一名社会成员，是一个职业人，然后才发挥女性魅力。不能以是女性为借口生活，要以尽全力的姿态生活，想要成功就要像男人一样活着，不是说性格，是说要有跟男人一样的“实力”。

●在组织中有点儿弱的女性

不是因为一出生就是女性而在组织生活中处于弱势，而是因为太拿她们当成女性养了。女性开始社会生活也会经历很多障碍。女性们接受组织认识的机会很少，只是正在慢慢熟悉小组合作。回想小时候，女孩子一个人或者两个人玩的游戏很少，相反，男孩儿们体验有活力的游戏的机会更多。

职场是没有硝烟的战场。上下级都会接受数不胜数的挑战。满足于一天一天拿薪水的生活、没有大的野心的女性，没有体验过权力的苦味与甜味就已经退休了。

权力游戏中，胜利者的成功不是组织中成员的最终目标。权力游戏中会发生激烈的战争，在竞争的环境里要保持一颗平常心。

比起其他更需要的是韧性。要全身心地领会集体中的规则，谦虚地忍耐着，看到机会的时候一点一点向前。成功的女性都身经百战，饱经风霜。她们都具备集体中需要的最重要的品德——忍耐心和韧劲。

“犟”的性格在职场中只有死路一条。“太卑鄙不能忍”这样的话即便是提到了嗓子眼儿也要使劲咽回去。如果连说话都不能自控，在男性社会中存在下去是很难的。首先应该先生存下来然后再迈开步伐向前走。

职场是没有硝烟的战场。
上下级都会接受数不胜数的挑战。
满足于一天一天拿薪水的生活、
没有大的野心的女性，
没有体验过权力的苦味与甜味就已经退休了。
比起其他更需要的是韧性。看见机会一步一步向前进。

制造失误的我

●失误的反转效果

看电视的时候经常会播放电视剧或广告拍摄中NG的部分。比起完成后的电视剧和广告，观众们觉得NG部分更有意思，能笑出声来。广告经常使用故意将失误的画面放进去的方法，使消费者更容易记住商品。

继文根英、金妍儿之后被称作韩国“国民妹妹”的IU，不是因为宣传而是因为真的说错话而引起了不小的风波。说错话如果不是发生在正式场合，可以当成可爱的失误被原谅。但是在电视节目中边祝贺新担任MC的两位歌手，边将正在主持的节目名字说错成自己新担当MC的竞争节目的名字，即将登场的选手的名字也介绍错，这样大的失误就不可原谅了。

谁都会犯错，事后如何处理更加重要，特别是挑准时间可以阻止大的“灾难”。被介绍错的歌手的粉丝们有可能变成IU的反对粉丝。但是IU在节目结束后马上通过SNS转达了自己抱歉的心情，光速进行道歉。多亏了道歉，不仅被称为“有礼貌的IU”，也没造成损失，稳住了粉丝的心。

如果说失败是成功之母的话，失误就是成功的阶石。失误比不失误的时候给别人留下印象更加深刻。所以不要想着大大小小的失误让我在别人面前减分，要知道它是让别人记住你的好机会。不用花钱可以得到广告一样的效果。所以将失误或者错误按照它原本的样子记录下来，通过惊讶达到的广告效果又叫“障碍性营销”，但是硬要故意制造出来失误这种小伎俩，则有可能产生负面影响。

女性们认为不能消除的“失误”是“丢脸”，并长时间不能振作精神。女性们不想失误，无关痛痒的小失误或者别人很快就会忘记的失误让她们觉得坐立不安。那是在折磨自己，不能振作起来同样的失误可能还会犯。不错过时机、干净的事后处理，是通过失误给人留下更深刻印象的方法。

●诚实一些、有才华一些、幽默一些

艺人们经常出演笑料很多的脱口秀，观众觉得有意思，反响很好。仔细观察那些能够吸引观众眼球的出演者，他们有能将自己小的失误积极表现出来的共同点。即使他们没有特别的个人技巧，诚实地面对自己和别人的失误，将事实还原，也会给观众们带来大的欢乐。

完全没有失误则无法生活。所以面对失误不要恐惧和紧张，要能够察觉并勇敢承认。如果不是因为自己的失误给别人带来危害，先微笑吧。从容地微笑，诚实地面对自己的失误和缺点。这样的态度是得到他人肯定的绝好机会。

人们对于别人的失误觉得有趣并享受。无论处于怎样丢脸的境地，不要畏怯或者灰心。看到别人的失误以客观的眼光看待也是一种智慧。以更加人性化的态度去对待失误，坦率地去承认，更能给他人留下深刻的印象。

看起来完美没有缺陷的人，失误对他们来说不是“致命”的，用撒娇的方式去承认失误请求原谅，那么看起来多么与众不同啊。“啊，那样的人也失误啊。滴水不漏的人总会让人感觉很难亲近，不知道他也有可爱的地方呢。”别人会这样说。这是成功的失误。

以诚实坦率的态度承认自己的失误。不在意结果却打动了别人的心。

要有勇气摸着石头过河

●做错后才知道什么是对的

太慎重了也会产生问题。过于小心谨慎，向前走一步都很难。周密的计划会导致行动起来犹豫，最后会出现什么成果都没有的情况。女性比男性更有可能发生这种情况。

过分地小心、过分地担心、对于失败很恐惧，这样事情完全无法进行。到处去打听别人的意见，是在浪费做出选择的时间。现在停止犹豫、停止计算、停止计划，先去做错事吧。听了太多人的意见有可能判断模糊，用过分粗大的线条去勾画小的计划会妨碍事情的发展。

先去犯错吧。已经长时间犹豫的事现在开始行动吧。想要学习就去听课，想要升职就果敢地从底层做起，制造点儿不得不早起的事来叫醒身体吧。

当然由于社会的偏见，女性几乎无法自由地做错事。女性们有野心想去开始什么事时，“做事意气用事、不彻底、惹眼”等各种歪曲的声音将女性的积极性打消了。女性做错事的时候会有“闯祸了，丢人”等评论，如果是男性做错事则会被说成“有胆量，有魄力”。

不要再犹豫了，先把一幅巨画的轮廓画出来。然后从小的部分开始反复地去修改。不行动，光用脑子想100遍也改变不了什么。身体开始行动起来吧。

●登上宇宙飞船

人类第一次登上地球以外的星球——月球时，没有比这更能够被称为把不可能变成可能的奇迹了。人类经过长时间的研究终于启动了宇宙飞船飞往月球。宇宙飞船使访问除了地球以外的星球变为可能。

现在试着给眼前的事安装上发动机吧。需要的时候可以瞬间加速，将不可能变成可能的发动机。女性比男性更难成功的各种原因中，机会和难易程度是一方面原因，但是更多是在于能不能果敢地去推动事情进展，是否具有能量。虽然有的人说女性和男性根本的不同是缺乏勇气，但是从做事开始阶段来做对比，女性更容易在船还没启动时就在码头触礁了。

没有力量就用志气去抗衡，变成耐用的韧性。说一定要做成的话时，野心促进力量的增强。保持清醒、眼神真挚，充满强烈的欲望去推进吧。制定的目标越是远大越不容易实现。宇宙飞船在制定轨道之前需要先明确燃料的加工方法。

如果说失败是成功之母的话，失误就是成功的阶石。

滴水不漏的人总会让人感觉很难亲近。

用过分粗大的线条去勾画小的计划会妨碍事情的发展。

百分之一不干净的霉

●从说话开始改变

很久不见或者电话问候的时候经常使用的话是“最近过得怎么样”。一天中听到三四次这样的话我们该怎么回答呢？回答这类问题的答案可以分为三种类型。

首先是“过得很好”“还好吧”“挺好的”“正是我想要的生活”“每天都像现在一样就好了”，类似这样积极的答案，也是听起来很舒服的回答。

第二种是“就那样吧”“一直不都这样么”“有吃的就能活呗”“马马虎虎吧”，类似平凡又无可挑剔的答案，是无意识的最常用的回答方式。

第三种是“快死了”“不知道为什么要活着”“累死了”“没

有一件顺心的事”“别提了”“特别疲惫”，类似这样负面的答案也不少。

有的人不假思索地回答，不难猜想他的真正情况是什么。没有特别苦恼的事，无意识的回答表达出来的与其说是实际日常生活中真实的一面，倒不如说他想表达的是内心真正希望的生活状态。因为即使认可了他的说法也觉得是在装相。相反即便生活步履维艰不如愿也不表露出来，用明朗乐观的回答，自己给自己打气、鼓励自己可以做好的人也有。

“为什么要那样？”“我没信心，你自己做吧。”“为什么那么费力气？做的话能有饭吃还是能有钱花？”“做了的话谁又会知道。”“顺其自然吧。”“什么都烦，别管我。”将这些话放在嘴边的人有很多。总将不满、否定、没有热情的话挂在嘴边生活的人，无论什么事都消极都是不得已才做的。就像你让他抬起一只脚他连整个屁股都抬起来一样，持这种态度的人不管做什么事都看不到他的积极性。

成功的人说话方式是不埋怨环境，没有发生的事不提前担心。还有不去生气而去享受幽默，不去怪别人先从自身找问题。看待自己还是别人总能先看到优点，不去先追究缺点，总是去称赞对方关心对方。选择恰当的说话方式有时一句话能抵千金。

想要成功，从改变说话方式开始磨练吧。

●展示你的自信

每个人都有自己的愿望，自己的梦想。为了实现梦想，认真努力的人具体的实践和计划也是不一样的。想要的东西总是珍惜地埋在自己心里的方式好吗？也许每天将增加的钱埋在地下，每天去确认的守财奴可能会喜欢这样的方式吧。

但是如果不满足于现状，应该更积极一点儿。把自己想要的东西积极地向身边人宣传，未来的计划反复说给人听。听到你的故事的人开始可能反应很冷淡没有兴趣，但是不知道什么时候成为你的救世主也不一定。告诉的人越多得到想要的东西的可能性就会越高。

肯定的思考方式能让自己行动起来。否定的思考方式让自己畏惧，引导我们走向歪路。对计划和方法越是确信和乐观，身体行动起来的幅度越是大。感觉实在不能成功的事也会不知不觉产生“还可以做得更好”的勇气。

要说“能做到，一定要做成”，表现出自信，让计划更具体一些，使之变得更有实现的可能。

Part 3

修炼

在黑暗中发光

这份工作不适合女性，

不分日夜地奔波，太累太困难了。

不去在意这些偏见是以后晋升的根本条件。

做错事也是一种很强的能力，

最终留下了很多经历。

堂堂正正地展示“我”

●走路的姿势招来福气

人们走路的习惯千差万别。看到过自己走路的样子吗？女性走路的时候眼睛向下方看的人很多。害羞或者没有自信的时候人一般会那样垂头丧气的。又不是犯了什么罪，不露脸一直低头走路的女性们，那样的走路姿势对自己没有任何帮助。

露出脸来走路和低头走路，两者有什么大的差异么？这可以看出一个人用心看待世界的态度。瞪大了眼睛去面对世界也不一定生活得有多好，但是仰起脸来生活是在现代社会中生存的基本姿态。

仰起脸面对现实首先需要注意打扮自己。发光的脸蛋，充满自信的面容使女人变得更加美丽。问那些整形的人原因时，大部分人会回答通过变美让自己有自信。但是很多人不知道通过自信可以使人变得更加美丽。

现在来纠正自己的走路姿势吧。如果我们抬起头，潜意识里会希望得到夸奖。那样虽然有可能不会听到长得漂亮的话，但是你会变成怀揣着肯定和积极思考方式的人。

抬起头走路吧，向世界展示你理直气壮的样子，以此自己都不知道什么时候就和世界结下了积极的关系，不知不觉中连性格都变得积极了。

现在我们要看的不是世界的底层，而是世界的顶峰。

●通过训练提高行动力

“这份工作不适合女性，不分日夜地奔波，太累太困难了”，不去在意这些偏见是以后晋升的根本条件。做错事也是一种很强的能力，最终留下了很多经历。磕磕碰碰犯错误才是成长的必经之路。“热情”可以使不可能变成可能，是只有人类才具有的强大力量。有热情的人是可以疯狂地去做自己正在做的事情的，每分每秒都为目标而全力前进。“目标意识”是不能有静止的想法，把自己“扔”出去实践并行动。

选择和行动需要什么呢？最重要的是明确的“问题意识”和“热情”。自身真正关心的问题是什么？还有为了解决问题真正需要的知识究竟是什么？对此没有强烈的苦恼，只是为了得到学历而积累的知识，在重视具体成果的无止境竞争时代里，无论是对个人还是对社会都没什么大的帮助。

在男性做起来容易女性做起来难的事情中，比起事情的难易程度，是否能果敢地赋予“能量”才是问题，女性做事容易在开始顺风前进之前就搁浅。

没有力量就用志气去抗衡，有一定要成功的野心，行动力自然会提升。

选择和行动需要什么呢？

最重要的是明确的“问题意识”和“热情”。

自身真正关心的问题是什么？

有一定要成功的野心，行动力自然会提升。

把自己“扔”出去实践并行动。

一点儿一点儿积累内在吧

●智慧不在网络里而在书里

韩国教保文库以20岁—59岁之间的1000名职场人为对象进行调查的结果发现，2011年平均每人读了16本书。智能手机电子书使用者增加，虽然阅读量比2010年的15.3%高了一点儿，但是普通职场人平均每个月都不能读2本书。这太少了。

事实上有互联网之前，职场人的阅读量也是很少的。即便是这样社会上也有给员工们买想要读的书的公司，也有公司聘请专人来开展读书会。自己没有想要阅读的欲望，即使有了阅读环境也没有效果。

那些手掌大的名牌钱包，几十万韩元都不觉得贵，然而掏出1万韩元买书时会一边说“最近的书怎么这么贵”，一边犹豫要不要买，对这样的女性，根本无法期待她们做好专业职场人。“有问题就用智能手机检索一下，马上就会知道答案，非要花时间去精读一本书吗？”有人反问道，这样的人成为一个优雅的职业女性还差10%的资格。

书里几乎有所有解决问题的方法。只读书也有可能成为专家。不管是专业技术还是专业知识，最好的老师就是书。制作每年、每月系统的读书计划表，培养自己的技术性和专业性，会打下坚实的基础。在工作岗位上的人应该积极地读书。要从读书的深度和广度两个角度出发。推掉以实用性为主的偏好，需要在文化、历史、哲学、艺术、科学、经济、经营等方面广泛地阅读。

职业女性不去读书的原因有很多种，其中最常见的解释是没有时间。但不是因为没有时间才不能读书，是因为没有读书的习惯才会找不到读书的时间。首先要产生读书的兴趣，发现了书中智慧的时候，思想也会变得宽广高深。

世界性电脑富豪、微软的创始人比尔·盖茨说过“书很有用处，我热爱读书，我不觉得电脑是可以完全取代书的”，需要张开耳朵去倾听这句话。越是困难的时期在书中发现生活的智慧越是重要。

每天的计划中一定要把读书的时间放进去。

●留下记录

现在不是只有教授、作家、专家才能写书的时代，普通人写的书一个劲儿地在增加。网络和出版密集连接，很多网络语言都在书中出现。像藏在贝壳里的珍珠一样，比专家更像专家的人也有，有卓越的才能和锋利的批判眼光的人很多。他们的书中是生活一点一点的积累，会激起一般读者的共鸣。

文化、书画、音乐评论，有关互联网的各种资料和情报，专业知识的分享等很流行。由于互联网的双向性，上传文字的人不觉得自己的文字给了他人帮助，但读到文字的人的确从那里得到了帮助。

平民作者从一开始不是要写书的，只是关心自己喜欢的事，从了解一点变成更想知道，就会主动去学习，用什么样的方式表达呢，就想要记录，写着写着就变成了可以出版的书。技术不是一天就能形成的，要积累很长时间的汗水和努力才能得到好的评价。对于自己关心的或者想要做的事，要一直研究和努力，记录下来，动机才能更明确。

最近兴起的微博、微信虽然只能上传简短的文字，但是让集体悟性成为可能。以“参与、公开、连结”为前提，其他人的意见、想法、经验、关心等互相共享，自己的视野也变得广阔了。

记录是一种财产。我们的才能和技术，还有其他不管是什么有意义的毫不吝惜地记录并留下。以后回顾自己走过的路并分享快乐，或许可以出版，也是一种喜悦。

支配生活的法则

●节拍快一点儿

曾经在大学校报编辑部作记者的K现在在宣传企划公司工作。她从大学3年级秋天开始就在现在的公司实习。公司内部正式职员已足够应付业务，却让一个实习生转正成为正式职员。

K从小就有一个习惯，一定要把应该做的事先做好再去做自己喜欢的事。交作业和报告都比该交的日子提前两天，然后没事了再找事做。她在公司里也因为总是快一拍而出名。

有很多人都是等事情临近眼前了才开始加快速度，交代给她的事她总是马上开始去做然后提前结束。因为没有时间，用简单的汉堡作为午饭，有时从家里带饭，边吃边工作。还有关于公司或者业务方面的新闻都利索地收集整理好悄悄地贴在办公室的一角，职员们都等着去看，人气很高。组长和同事们都认识到K的处事能力和诚实品质，他们都很高兴她成为正式职员。

多亏了什么事都能快一拍的习惯她才能入职。公司有实习期结束后才能选拔正式职员的规定。K在实习期间就被选拔成为正式职员。K本来应该处于被说三道四被怀疑是否能胜任的境遇，但是她的实力已经超过了工作三四年的前辈。坚守“诚实工作并提前完成”原则的她，比其他同期实习生更快被提拔也是理所当然的。

●大原则和小原则

不管什么公司，从经营者立场来看，与硬安排一个职位留住好的职员相反，有的职员根本不会管他走不走。更有甚者瞒着在职员去挖角。我们是属于哪一类的人呢？不是总是根据别人的指示，踉踉跄跄地去做别人交代的事，好不容易做完但是却杂乱无章，桌子上散落着各种各样资料的样子么？

想要有效率地做事一定要制定原则或基准。原则是人生的前半段内心坚守的，然而做事就是做事，恋爱就是恋爱，学习就是学习等具体的事里分类成需要坚守的小原则。无论原则还是基准，做什么事都要坚守并全身心投入。

一个机械制造行业中小企业的女经理，制定了‘即使倒下也要正直地遵守常识地生活’‘不管什么都不是白白得到的’这样两个原则，不向自己的信念低头。男性引领的机械制造业女性干起来是不容易的这一点不言自明。所以她在心里先制定了两个原则，是想要强势地去战胜的意思。在无原则和无常识横行的竞争社会里，她经历的困难是用语言无法形容的，但是她依然坚持了自己的原则，最终使她的公司从一个小公司成长为一个实力雄厚的大公司。

还有同样在职场工作9年的保险理财师也有自己的原则。不能挣大钱，足够自己生活就行，是她的第一个原则，无论情况多难都不能用自己的名字还有家人的名字伪造保险来充当业绩。第二，不随意给人打折。第三，不与客户交往过密，下班后的约会也要慎重。因为这样的原则虽然避免了很多无谓的是非，也没有从顾客口中传出的风言风语，但是她总在困难中挣扎。

原则可以束缚自己。不管处于怎样诱惑的环境中，有明确的原则和规则，虽然有时候会动摇，但是不会动摇到自己的根本。

投资对象1号——“我”

●拿出时间和费用中的百分之十为自己投资

最近EBS实录《母亲的冲击》里播放了关于母性代代相传有关的科学性的实证，得到了一些年轻的妈妈的响应。在传统的育儿方式下长大的普通女性有天生的母性本能，先照顾别人再想到自己是一种内在的美德。虽然不能非说这是坏事，但现在的社会一般是对别人没有期待，什么事都要首先想到自己。

现在开始完全为自己果敢地去投资时间和费用吧。最多投入百分之十就是最好的选择——工资的百分之十，一天24小时里大概两个小时是为自己做的再投资。只是开头会有点儿困难。

拿出工资的百分之十去学习吧，不是随便地去学，是去学平常想学的东西。对自己来说非常新的东西也可以，基本的有关自己业务的也好，平常热切希望享受的也行。

一天应该舍得花两个小时让自己发生变化让自己发展。成功的人不以没有时间作为借口，把零散的时间整合起来，或者在比较擅长的事儿上节约一点儿时间。怎么都不行的话减少睡眠时间吧，最大化地利用早晨的时间是最好的方法，不要想着一次性就减少睡眠时间，一点一点地减少，早上可以早点儿起来最好了。女性最热衷的话题是“减肥”。减少睡眠不是像减肥一样难的事。减少睡眠时间坚持一个月就会成为习惯。抽出时间读书，拿出费用学一门外语怎么样？把整个自己作为变化的支点将自己引向成功吧。

●从内在开始整形

做了整形手术的人，想要整形的人，不排斥整形手术的人被问到整形手术的理由时，会异口同声地说是为了增加“自信感”。通过双眼皮手术将眼睛变大，通过剥皮术使皮肤变干净，面对他人的时候能够挺起腰板充满自信感，是社会生活的重要基础。

但是工作的时候的自信感不是因为外貌产生的。当然某种程度上会有一些但是欺骗不了自己。连自己都不能以高评价承认自己的能力，别人就不用说了。无论对自己的外貌多有自信的人，在周边的人不能认可自己的氛围下，会隐约有些被排挤的感觉，会变得敏感。

即使平凡，没有特别美的地方，但是别人认可自己或者得到爱的时候，从表情开始会改变。总是充满活力的人是因为内心总是隐约涌来开心的感觉，就那样在外表体现出来了。这样的人脸上总是发光充满魅力，这样的魅力比漂亮脸蛋更能得到高的评价。参与社会生活的女性一定要记住，比起长相和穿着打扮，“业务能力”要得到高评价。

用能力为自己的内在做整形手术吧。不管学什么都快点儿熟悉，在别人指示之前去找事情做，培养自己集中精神做事的能力。自信的时候做事有效率，和认可我们能力的人一起做事时，我们的样子比整形美人更有魅力。

从专业变成专家的方法

●集中精力去挑战害怕的事情

职场人在这个世界上最怕什么呢？晚上睡觉前设定闹钟，紧张到手里攥着汗，旁边的人说话不能马上反应过来，变得惊慌，让他们变成这样的事是什么呢？一个让人有些惊讶的研究结果表明，是在其他人面前做“媒体演示”——即在各种会议、汇报等中进行的演说、演讲、报告等。

21世纪是媒体演示的时代。在业务报告和商务谈判，学校教学，还有集会或者团体会议中，媒体演示已经成为了常用的展示手段。虽然现在人们总是不得不直面各种形态的媒体演示，但是也有很多人对此感到害怕。对从小在别人面前表演就缺乏锻炼的人来说，对此要经历困难的适应过程。

重视分工合作和专业性的现代社会，不能克服媒体演示恐慌的话什么都做不了。不管以什么方式锻炼，到成功为止要一直努力练习。看那些关于人际关系的谈话、用语、话术方面的书，在家人面前不断练习。把自己想象成那些成功的人，想象自己穿着整齐的正装在一个人或者很多人面前做报告，或者和投资者们聚集在一起进行事业计划说明的样子。联想着这些人，将自己的形象视觉化，进行练习。

征服了14座喜马拉雅山峰的严弘吉队长说过自己曾经登过最累的一步是什么。那一步是为了第一次大众演说登上舞台的那一步台阶。真正的专家不是天生就会做媒体演说的人，而是克服了恐惧一直努力锻炼演说能力的人。克服了恐惧的对象然后进行正面突破。穿着正装的职业女性在很多男性面前，干脆地毫不含糊地做着演说的样子，想象着心里都会激动，不是很酷的场面么。想象那儿站的就是自己。

●只做一件事

TV人气歌谣排名中，争夺第一二名的不一定是有唱片销售量的歌手。有一些歌手不经常在电视中出现但不会轻易被遗忘。反而一开演唱会就座无虚席，一出唱片就不声不响有着十多万张的销量的实力派歌手很多。这些歌手的特征是现场演唱能力强。用歌曲、演唱水平来决胜负。让粉丝们亲自走到演唱现场，丝毫没有隐藏，倾注全部热情唱歌是歌手们的一种荣幸。

专业意识是在100%忠实于自己本业的时候显现出来的。习惯于对口型的歌手，本身就没有忠实于自己的本业，受到粉丝们的指责被挑毛病是必然的。

一位网民在网上发表这样一段话：“对于位于第一位的候补歌手对嘴型是不能理解的，一号候补不是当然要能现场演唱的吗？我认为是作为一名歌手要展示出的专业意识。对歌手来说歌曲是生命，不是华丽的舞蹈。希望以后第一位的候补歌手一定是要现场演唱的。”他表达了不爽的心情，这也说出了大多数歌迷的心声。

专业意识是将自己的力量分毫不差聚集起来然后展现给大家。表现得比自己真实的实力稍微差一点儿的时候可能会感到害羞，只要在自己的能力范围内尽最大努力就好。成果和结果是那之后的问题。

专业意识是能够在做事情的过程中显露出来的。

专家不是天生的，

而是克服各种困难一直努力修炼的人。

克服了恐惧的对象然后进行正面突破。

专业意识是能够在做事情的过程中显露出来的。

我是CEO

●做事不能存在性别歧视

想要把自己品牌化的人要彻底将自己用专业意识武装才行，不用职员的思考方式而是用企业家的思考方式和主人意识，用坚强并坚韧的终结者的特质来做事。达到有点儿狠毒的程度来自我管理的人才能得到真正专业的待遇。

专家对于时间管理很彻底。不能迟到是理所当然的，至少要比上班时间提前30分钟上班。虽然上班的途中拥挤混乱，但是也需要保持衣着整齐精神抖擞。上班时间闲聊，逛网店，提前30分钟做下班准备等事一直被认为是理所当然的事，从现在开始改变想法吧。

工作时间看与业务相关的专业书籍被认为是理所当然的想法也

要改变。因为你是职员不是学生。公司从一开始就是因为把我们看成是有专业知识的人才录用的。专业知识要在工作时间外补充是基本常识。职场是要活用专业知识的地方。

专家对新事物的挑战意识要强，做事没有性别歧视。

责任感和韧性对专家来说是重要的品德。无论多想提辞呈多不满意现在的职位，首先要在那个位置上得到认可。就是从这个公司的上司和同事那里要得到“实力和韧性兼备的诚实性人才”的评价。

●必须要果敢地变身

让自己品牌化的过程中最重要的是使自我“变化”，让自我“变身”。但是有很多人害怕变化。变化和变身好像可以让组织或者个人建立起来的地基撼动，即使干脆不去乘这股波浪，但不安感也无法隐藏。

为了建立自我的品牌，分析后知道自己想要做的事，要做适合这件事的果敢变身。不能去躲避，这和新的酒要装在新的包装里是一样的道理。

举例来说，高级工程师要成为经营者开始新的事业，他不从技术者变身为经营者是不行的。不能成功变身的话，自己还有自己的公司和员工会经历巨大的困难。

试图变身的时候不要犹犹豫豫地适当变化，要果断地变化才行。用积极的态度，虽然第一次面对会有些不好意思，但是也要自己主动站起来果敢地变身，去过自己希望的生活。

第一次筹划变身的时候，就像借别人的衣服穿，虽然很尴尬，但是要迅速变得熟悉。世界上最美丽的样子是“堂堂正正”。变身的时候不要感到尴尬，要抱着堂堂正正的态度这样才能成功。

热心是福

●找到人生的导师

和儿子多的家庭相比女儿多的家庭气氛更融洽，和睦的笑声更多。这两种家庭的孩子都结婚了，新的家人口增加的时候，女儿多的家庭比儿子多的家庭更容易维持结婚之前的平和与和睦。女儿们如果齐心合力没有做不成的事，连脾气好的女婿们都融入进来，那个家庭会以非常强的凝聚力而骄傲。

虽然血统关系很强大，但是女性之间，相比血统关系，友谊关系更加长存。社会上有一种误解，认为女性之间的友情是牵着手一起去卫生间或者只停留于一起去逛街，这是他们不懂女人。女性们比起竞争更知道分享和帮助。

滑冰选手金妍儿职业生涯初期为了能够打实技术的基础克服消

沉状态，沈慧秀教练曾经帮助过她；高尔夫选手沈志爱通过系统的练习成长为世界大赛中的冠军，帮助她的是全贤秀教练；对于芭蕾舞女演员姜秀珍来说，摩纳哥皇家学校校长玛丽卡给予她帮助最多；对于2008年在法国举行的国际比赛中获得第一的小提琴手申贤秀来说，十年间一直帮助她无偿上课的金南允教授让她感激不尽。

组织中的成员虽然有着一样的能力，但是男性比女性升职快的其中一个原因是男领导会提拔男组员。女性们在组织中由于成功的女性前辈们相比较少而不得不处于这样不利的情况。但是现在不同了，处于决策地位的女性也变多了。

可以作为我们的导师的人不需要一定是成功的女性或者是拥有专家头衔的女性。在自己的领域里认真工作的女性，为了取得某件事的成功而努力的女性，或者以某种方式给我们力量，哪怕是住在隔壁的大姐也好。相反我们也在某种程度上能给他人起到导师的作用。

打开自己的心吧，以相互学习彼此的长处，分享彼此的经验和秘诀为出发点来与人相处吧。

●关心别人的生活

P在各个门类的书中最喜欢读的是传奇、评论和伟人传。看杂志或者新闻也是喜欢看那些最近很有名的人的采访内容。P最关心的对象是“人”。

最近她一下子买了三本关于女性生活的书：《撼动韩国历史的女性们》《堂堂正正地生活》《李德一的女人列传》，读这些韩国古代女性们的故事，能感受到不同于现代女性的另一种热情和灵魂。

在书里找模范也是值得推荐的一种方法。最近关于女性CEO或者女性领导人的书出版很多，还有在各个领域牢牢占据一定地位的女性专家的书也有很多。读完这些书会比想象中得到更多的刺激和影响。虽然不能直接见面，不能听到声音分享经验和实践，但是间接得到的力量和帮助不亚于直接的影响。

像P一样去享受传奇、评论、人物传吧。真实的人比在小说中喘气的主人公更视觉化更有实感。比起虚构的人或者英雄做出的大事，实际的人做出的相对小的事更能打动人。

从我们的导师那儿直接听到好的话，通过书间接得到忠告，然后去实践挑战的人最终只有自己。

不变的美德、责任和忍耐

●销售告诉我们

离职率高的领域总有“销售”。认为销售没有特别的专业知识，轻而易举就可以做，是因为无论做多长时间也很难被认可为有技术或者经验。没有专业知识或者特殊的才能，在不景气的状况下“被裁掉”不安感与日俱增。所以不安之余不去试试就去找看起来更稳定的职业，不断地移动再移动。

说“不想干销售”的人分明不懂得销售的价值。“销售”有意思而且有意义，能让人生的可能性变得更多。未来正走向“什么都能卖的时代”。培养销售的能力可以使自己独立生活的能力变得更强。销售能够敏锐地感知社会的变化，通过销售活动遇到各种各样的人，经历无数的拒绝后培养自己无底线的忍耐心。这以后会成为个人精神的巨额财产。

始终忍耐那些无视自己和伤害自尊心的话，成功说服他人，是用什么都换不来的财产。人活着最忍气吞声、伤自尊心的是，去说服那些认为我看起来很可笑，做的事不值一提，甚至会嘲笑我的人格的那些人。就像带着伤痕的贝壳忍受痛苦熬过那些岁月，最终培育了光彩夺目的珍珠，通过销售战胜这些挑战的人能够拥有不管遇到什么困难都能战胜的底气。

虽然需要忍耐的事不只局限在销售这个职业上，但是最能体现强大的忍耐心的工作不得不说是销售。能忍的人会成功。

“为了成功暂时先把自尊心收起来放在冰箱里，成功后再从冰箱里拿出来。”这是成功者的一个秘诀。

●不遵守小的约定会犯下大错

曾经读过关于韩国预约文化的新闻调查。预约后没有一个电话就随意违背约定的事很多。特别是在航空公司，预约未付款的状况连续出现，真的需要机票的人只能干跺脚的事不是一次两次地发生。倘若能提前取消，急需的人可以接着用，就不会给其他人带来不便。

一家外企计划让财务负责人P去管运营。P连三次面试都通过了，职位和年薪都已暂定，还有协商余地。但是最终调查环节中，他以前应聘一个外国银行时，最终面试的时候没有任何事前通知或者请求谅解就没有出席的事被暴露。公司以P的不诚实和无责任感为理由取消了录用。

社会经验不足的年轻人觉得预约没有任何意义，随便违背的情况很多。“算得上什么事儿啊”“不去的话就是取消了呗”很多人有这样的想法。但是我们的社会看起来很大，仔细观察的话是像网一样紧密地连接在一起。也就是一两步的距离互相都是认识的关系。所以这样小的约定没有遵守的失误酿成不诚实和没有责任心的事例，会贴在简历的后面，会成为社会生活的绊脚石。

21世纪职场人的最大的武器当然是知识和能力。但是像20世纪的遗物一样的“诚实”和“责任感”仍然很重要。诚实和责任感是成功的捷径中不可缺少的美德。大企业需要的人才也是有责任感的人，就是对自己的话负责，决定的事积极地应对，尽最大努力取得成功的人。

不要忘记责任感是专业意识的必需品。

Part 4

抑制

等待时机再出发

见得多了、听得多了，

理解别人包容别人的能力就会增强。

人际关系的幅度是人生的幅度。

如果现在感觉到人际交往活动范围太窄，

果敢地行动起来吧。

人际关系的幅度是人生的幅度

●两个前辈的晋升

女军人L最近心事很多。不久前对于晋升有最大影响的培训结束了，成绩比想象中差了些让她有点儿郁闷。再靠前一点儿下次晋升就有保障了，她对自己失去信心。但是几天前公布的晋升结果让她有些意外。

上次培训中取得最好成绩的K前辈被遗漏了。相反中上等成绩的今年二次晋升审查中提上来的H前辈晋升成功了。因为自信脸上一直都挂着笑容的K前辈不用说很是灰心，很多K前辈的同期和后辈们当然也很惊讶。但是L仔细想了一想，其实在后辈们的立场上想是“理所当然”的结果。因为H前辈在上级指挥官和其他后辈干部之间起到中间管理者作用，比K前辈更适合晋升。

周围的人对H前辈的评价很高。掩盖后辈们的失误，知道自己的责任，包办了脏活和粗活。相反，K前辈对自己该做的事没有丝毫遗漏，责任感很强，但那是全部了。不用过分的话去说别人但是特别吝啬帮助别人。有谁拜托，不得已才会帮助或者当场就拒绝的时候很多。后辈们聚在一起的时候经常谈论K前辈性格冰冷。

L得到了勇气。自己的能力和教育成绩虽然很重要，但是她真切地感觉到了人际关系随和，人与人之间一贯正确地为人处事的人才会晋升，就是我们常说的“人事是万事”。L决定不再去计较教育成绩，不去畏惧了。她相信军队生活中的晋升是不只看成绩的。即使以女人的身躯踏进了几乎是男人们的天下的职业军人的世界，她充满了自信感。

●去见各种各样的人

成功的人其中一个特征是人生的幅度很宽。因为见各种各样的人，所以各个阶层和各种职业的人都能够进行沟通。但是现在的年轻人中不和比自己年纪大的人对话的情况不是一般的多。和同龄人很合拍沟通得很好，和后辈或者上司的关系觉得很难相处的想法十分普遍。

我们挣钱也好，得到名誉也好，有想要成功的欲望，首先要超越年龄、性别、学历、兴趣、地域的差异，能和各种各样的人沟通，要具备说服他们的能力。没受到过多少学校教育过早进入社会、经历过很多事情的人比普通人更加有智慧，处事能力更强。是因为见不同的人见识变广，从其他人的身上间接得到锻炼。

那个人是男的不太方便，那位年纪大不容易相处，那个人出身乡下语言不通很郁闷，我喜欢和熟人舒服地见面聊天。这样的人生很不好。见得多了、听得多了，理解别人包容别人的能力就会增强。

在能够扩大人际关系的事情上努力。那样才能得到同事们的认可，上司的信任，后辈的跟随。从年轻的时候起就应该见各种各样的人的原因就在于此。

如果现在感觉到人际关系范围太窄，果敢地行动起来吧。

见得多了、听得多了，

理解别人包容别人的能力就会增强。

人际关系的幅度是人生的幅度。

如果现在感觉到人际交往活动范围太窄，果敢地行动起来吧。

把别人变成我的人要看我的表现

●关心和给予是核心

关心别人是我们从小时候开始就学的常识。但是能够做到的人比想象中要少。站在对方的立场，展现出给予的姿态是所有人际关系的核心。不管世界多忙碌地在转动，变化得有多快，“有给予就会有回报”的原则是不会变的。

“水至清则无鱼，人至察则无徒”，事事缜密、理性、敏锐的人的周围是没有人聚集过来的。不要去问我的周围为什么没有朋友，为什么我的周围没有温暖的人，先去做到给予。

给予跟回音一样无论何时都会回来。即使不从自己给予过的那个人身上回来，一定会从其他方向回来。因为那是世间的法则，是经过久远的岁月很多人经历过的领会到的智慧。

首先对最亲近的人毫无保留地给予，不要扔掉关心他们的心。与其盯着别人的缺点不如看他们的优点并称赞，远离生活舒适的人去理解那些生活困难疲惫的人，并帮助他们。

关系亲近的同事之间，轻轻地拍下肩膀，不说话只抓住他的手也会给对方很大的力量，同事间的关系会更好。

●称赞是有回音的

称赞别人对于不善于向对方表达自己的人来说需要不小的勇气。是因为觉得害羞，或者或许说的话给人感觉关系拉远了，或者让人觉得自己“干预”了别人的事。很困难地说了称赞的话，如果对方没有很好地回应，会造成心理的伤害。

对向自己敞开心扉的人自己也会敞开心扉并产生信任。

“科长，今天领带的颜色非常漂亮。夫人的眼光很不一般啊。”

“昨天不是科长的话我差点儿就不能回家了，谢谢临近下班时间来帮助我，要是我的话会觉得烦找借口拖延时间的，真的很感谢。”

“部长真的很绅士，没有见过像部长一样将事情的收尾干净利索处理的人。”

轻而易举就说出来的话，能够抚慰人心谁都会感动。当然要是没有说过这些称赞人的话，第一次会无比的害羞，但是话要经常说才能熟练。更“大胆地”去称赞吧。

习惯称赞的人更美丽。在习惯之前即使是有意识地去称赞也是好的，只是得到称赞的人心情好吗？绝不是。称赞别人也会让我们心情愉快。因为只是看到心情变好的对方的脸我们的心情也会变好，尤其是对方也会反过来称赞我们。

谁会不喜欢亲切而又习惯称赞别人的人呢？

没有免费的人际关系网

●不合群的人

工作7年的H一直都是自己吃饭。害怕谁会叫她一起吃饭，午休时间总是装作很忙跟同事们说让他们先去吃。一丝不苟地贴补家里的生活费，生活紧巴巴的，几个人一起吃饭要拿自己的那份饭钱，感到有负担。在区内食堂自己吃饭，喝自动售卖机的咖啡度过午休时间。晚饭时间也是尽可能地避免约会。因为是女的，其他上司或者前辈请客的话不会那样有负担，但是同事或朋友、后辈们一起吃饭的话不能每次都是别人请客，那样会不舒服。吃完饭或者喝过酒后不管怎样也要拿买咖啡的钱，但是现在一杯咖啡的价钱也不少，感到有负担。每次都说要去英语学院，大学同学聚会，家里有祭祀，现在连可以说的借口都没了。

●但是K和她截然相反

K又不是外勤的员工，不知道为什么约会那么多，达到让人惊讶的程度。不管前辈、后辈、朋友她都主动去联系约定时间一起吃饭。不经常见到的后辈、有时会添麻烦的其他部门同事、进入公司同期的约会也会提前约定好。虽然不会喝酒喝到很晚，但是午餐约会排得满满的。下午大家都有些疲惫的时候，即使是自动售卖机的咖啡，也会分给同部门的同事一人一杯。

H虽然有时会暗自羡慕K，但是不觉得自己的生活方式有什么不好。因为她觉得像K一样的话自己的钱包会越来越轻。

但是人都是一样的，免费吃别人的没什么发展。只是因为钱，自己的想法、实力、方法不能传达给别人，错过和别人交流的机会，即使有实力也没有将实力展现出来的机会。

交际网是花钱的，没有免费的。先去请客，即使是请喝茶，我们也要在约会的人面前挺着腰板。想要得到帮助，想学到东西，即使是女人也不要总是吃别人的。先去请客可以去挑选我们需要的人，喜欢的人，有好感的后辈，以后能够给予帮助的前辈等。

而且拿饭钱的那个人能够主导自己的对话，我们说的话对方至少会集中精力去听。被请的人下次自然会回请，虽然不会马上成为什么事都一起去做的同事，但是分明会产生友好感。与其他部门的不同阶层的人见面，会得到很多公司内的情报，对自己以后的工作会得到一些建议和帮助。不要因为是女人，或者是后辈，就以这样那样的理由不去请别人。交际网中钱和时间都要投入。没有这样的努力就不要去期待成功。

如果自己有远大梦想，即使少买一件衣服也不要因为请别人吃顿饭的事去苦恼。

●打开交往的门

一个以女性职场人为背景的电视剧中，女主人公旁边总是有一个一起闲聊、一起吃饭、下班后一起喝酒的女性同事。但是在公司里最好不要有过分亲近的同事。因为女性的天性，不会嫌弃有一起吃饭，一起去分享公司情报和传闻的“闲聊朋友”。但是对这种形式的交际网需要改变一下想法，因为特别亲近一两个同事会妨碍和其他人的交流。

有时候同事使的眼色要果断谢绝，相处尴尬的上司请客的话要精明地应约，礼貌地露脸，和自己知道联系方式的人约定午饭，养成专业的习惯。还有晚饭需要更积极的节目。白天一起吃饭有空就见面一起闲聊的同事就不要再相约一起吃晚饭，一起去喝酒，一起去逛街了。

去英语学院还是去运动，下班后要完全地从公司同事中摆脱出来。学院也好，同窗会也好，除了我们工作的领域，要扩大和在其他领域工作的人一起交流的可能性，以便建立更广、更丰富的交际网。

不同方式建立的关系

●人际网很重要

人际网使人与人之间见面更有意思，虽然大多数人认为是为了互相帮助。需要克服因为互联网人与人之间直接交流减少了的缺点。见面的时候才能知道，那个人是不是有魅力的人、是不是值得信任、是不是可以从他身上学到东西，是否需要长久地维持关系。

还有跨越地域、血缘、学历，在我们旁边的人，常常和我们面对面一起工作的人的关系要特别珍惜。要保持感激的心，尊敬的心，施予的心。能给我们帮助的人不一定非要是职位比我们高的人。无论是怎样小的方面如果我们能帮助其他人就先去给予帮助，那样我们遇到的人也会和我们交心，给我们情报，帮我们解除苦恼。

不要忘记虽然电脑看似能够替代所有事，通过互联网可以形成人际关系，但是任何人最终都是要通过互相接触，感受到真心、内心才会得到感动。比起学历还有地域、血缘，建立真实的关系才是最重要的。

●通过网络建立的缘分是钥匙

最近人们早晨总是以查看微信来开始新的一天。同学会的消息，创业朋友的消息，电话号码变更，同好会的通知事项等，智能电话的聊天软件充满了新的消息。如果是做过聚会总务的人就会知道，去跟每个成员联系通知举行聚会有多麻烦多累。

现在很多人都觉得在线社区比起学校和地域建立起来的缘分更珍贵。因为在线社区在扩大社会多样性和开放性方面起的作用很大，代替了学校和地域凝聚起来的封闭的“帮派集团”，以兴趣和乐趣、新鲜事为主题建立了一个新的开放性的共同体。再加上在线社区可以容纳各种各样的形式。例如模仿漫画里的人物Cosplay同好会，头发染成各种各样颜色的疯子一样的人们的聚会，爱好工艺的人们的聚会等，充满了很多想象不到的聚会。

在贸易公司上班的H歌唱得特别好，甚至能够达到专业歌手的水平。她的业余生活是经常活动在大众合唱团，每周成员们都聚在一起练习。这个社团很有实力，一年会举行一两次定期公演，有时也会接到广播节目的邀请。只是因为喜欢唱歌便在线上聚集了会员，建立了团体。建立这样关系的网校比以血缘和地域为基础建立的同乡会或者同窗会凝聚力更强。

现在培养网缘不是选择而是必需。比起一年内一两次偶尔露面的同学聚会，比起象征性地在同学会或者同乡会的网站上留下一次痕迹，在网络上因共同爱好组成的团体更有意思、更加活跃。以不同的人、不同的主题和素材建立网缘的人很多，还满足于家、职场、学校等的人，更有野心一点儿吧。

网缘是可以将我们的社区半径无限扩大的享受空间。

“科长，今天领带的颜色非常漂亮。”

“真的很感谢。”

“部长真的很绅士。”

“大胆地”去说出这些话吧。

去关心别人吧

●制作我们的人生目录

人的这一生要经历无数次的见面和分开。即使是一起生活的家人，也不可能总是在一个空间里面对面生活。周末夫妻，候鸟爸爸，留学子女等，每家都有不同的说不出来的苦衷。

除了家人我们在生活中也会遇到需要的人。在身边给我们建议能对我们说一些忠言的人。除此还有不想错过姻缘的人，平生想作为知己的人。但是即使是在一起工作很久的人，也会发生明天就不得不分开的情况。很遗憾不得不送走，然后还会见到其他新的人重新建立缘分，一起做事。

和原本很亲密的人不能继续保持联系的情况很多。开始一两次打电话联系，慢慢地自己的生活变忙了，连接那份感情的线就慢慢地放下了。突然有一天处于困难的处境或者需要帮助的时候会想起“那个人”，试图重新联系会有些不自在，虽是紧急的事也不能简单地说出口。平常打一些问候电话也很容易，突然想要得到帮助，跟很长时间忘记联系的人重新联系是一件让人脸红的事。

平常应该对我们周围的人进行积极的管理。对我们的人生有帮助的人，还有对我们的生活起到甘霖作用的人，需要进行特别的管理。在陷入就那样忘记然后突然某一天想念的情况之前，制作成为我们人生的帮手和甘霖作用的人的通讯录吧。

单独制作他们的情报手册或者文件夹，养成认真对待我们人生目录的习惯。

●模拟物和电子书信

如今的社会人与人之间可以简单迅速交流信息。在过去，写封信还是件挺麻烦的事。选择信纸买了信封邮票亲笔写信，一开始脸皮薄的人会有些难。“字写得不好，要以什么样的问候开头呢？”“我的字迹只能我自己认出来，看内容之前就已经不想读下去了怎么办？”“写完了每当想寄出去的时候就老忘。过了几天就要重写了。”从一开始就有各种各样的担心和不方便。写一封信并寄出去也不简单，所以接收到的人会在一定程度上感受到真诚。但是现在是电子时代。电子邮件也好聊天工具也好，通过智能电话发短信、发照片、发录像都能马上接收到。传达自己的消息和近况多么容易啊。

想要在一起工作的人、能够信任让人舒服的人、想要互相交流直到死的人、以我们的生活导师自居的人，这些人人名册里有的话，需要和他们定期交流。

一周一次也好，两周一次也好，一个月一次也好，发送我们制作的信息、书信、邮件怎么样？将我们的消息和我们的照片放在一起也好，只是简单的信也好。

还有发送简短的个人邮件。或者一年一两次邮寄可以唤起共鸣的明信片或者手写的信，感动会倍增。能够表达一直想着对方，认为和对方的缘分很珍贵，不想断了这份缘分就行。

人际关系中勤劳就是生命。在有“谁能先跟我联系”这种想法前就先伸出手去联系别人。

珍惜小的缘分

●我还会和这个人见面的

佛教有“擦身而过也是缘分”的话，但是这话在世界发展、人口暴增的现实下，变得有名无实了。早晨挤地铁，周末在人群拥挤的商场购物，即使是擦身而过的人就数不胜数。这样的情况下怎么也无法理解“擦身而过也是缘分”。

但是一般人们都会遇到一些奇怪的缘分、特别的缘分、命中注定的缘分。有些是让人起鸡皮疙瘩，用言语表达不出来的战栗的经历。这些缘分是接近人世间本质的问题，真正的“缘分”没有开始也没有结束，是不能被解释的生活里特别的纹路。

但是缘分也会变成恶缘或者被看成恶缘。有时候认为人和人很容易见面，会有不上心地去对待的情况。但是那样对待的人如果在别的场合见到时，成了我们的新上任的上司或者重要的需要接触的人，这样再见到时像是老天爷在开玩笑。但是这样的情况不是只有在电视剧中才会发生的牵强情节。像“人不知道眼前要发生的事”一样，只要不是死去的人又复活了，都是完全可以发生的事。

所以不管什么情况下不能小看人和人之间的相遇。以“不知道什么时候我和这个人在哪儿在什么情况下又会见面”为前提，小心地去维系人际关系，解除误会。上次的见面中有小的误会或者失误的话，马上去解除，需要请求原谅时不要把事态恶化，这些是将不好的缘分变成好的缘分的秘诀。

●使用很多名片的女人

一个月发出去三四盒名片的宣传公司室长K，不像以前那样无论是谁都给名片了。还有最近只与有交情的人见面。但是K每个月还是一张不差地需要两盒名片。K几乎没有在家吃过早饭。即使是站着吃或者简单打包的食品，总是享受和别人见面时一起吃早饭。现在想要在家吃早饭，妈妈都会问是哪里不舒服吗。

K说自己是“心很软”的人。关心别人，会因为别人的烦心事跟着一起苦恼，干脆不会回绝别人的请求，“也不是什么大事没必要去刻薄对待啊”K这样解释，她认为困难的时候需要互相帮助、互相安慰、互相激励。

K在生活中实践着“小的缘分也要珍惜的态度是重要的”。以前在一起工作过的人、上司她会经常去拜访，也会去见同事们。所有的遇见都是无法计算、无法预想的，人际关系会产生无法表达的力量。

K一直都保持着无论是小的约会，还是重要的约会都要遵守的原则。一次约好的事就会抱着珍惜和那个人的缘分的感情一定要赴约。与比自己处境不好的人的约定也不要随便去对待，以不诚实的态度对待别人，谁都不知道什么时候就会碰上大钉子。

谁都不能夸口自己能预见未来会发生的事。

滴水穿石

●说好的“下次”，一定要遵守

“那么喜欢吃紫菜包饭吗？下次也尝尝我做的吧。”

“下次把我的资料给你拿来看看。”

“下次请您喝酒。”

P擅长友好待人，那些说出的约定都彻底地遵守。人们经常说“什么时候一起吃顿饭吧”“最近一定找时间去拜访您”这样的话，其实礼节性的问候经常说过去就过去了。周围的人都感叹P的实心眼儿，就是其他人只是随口说说的话她都会意外地一定遵守，这点跟其他人不同以至于有的人对P遵守诺言的习惯有时会感到惊慌。

P两天后就带着做好的紫菜包饭来上班了，几个人午饭的时间一起品尝，拜托过的资料第二天也放在了桌子上。难对付的事痛快地解决了，有联系方式的三名职员当然也出于感谢请他们喝酒了。

公司的同事完全信任她。P是说到做到的人，不会出错的人，天塌下来都会遵守自己说过的话的人，这样的信任深深植根于每个人的心里。

“P，只是说说而已的话不去遵守也不会有人说什么，一定要遵守的理由是什么啊？这样生活不会感到疲劳吗？”同事们曾经这样问。

“我只说我认为可以遵守的话。不能遵守的，认为不去遵守也没关系的话连提都不会提。正确地去判断就不会感觉到累。”P微笑着回答了同事们的问题。

P虽然对自己很严格，但是绝不会强求别人，她是绝对不会去问别人为什么没有遵守上次说过的约定的。所以别人不会产生负担感或者觉得她难相处。她从小事来积累别人对自己的信任。

●未雨绸缪

估量人是否可信的标准虽然有很多，但是比什么都重要的是，要留心观察那个人上了一个台阶后态度发生的变化。

自己需要的时候就主动去找需要的人，去问候去关心，自己不需要的时候就问都不问、态度180度转变，这样的人不少。“需要的时候就按照需要的程度去问候就好。新的人来的话就和新的人重新交往就好。连过去的缘分都要管理的话太累了，金钱方面也是损失。”这样想的人分明也有。

自己顺利的时候更应该去关心他人，给予他人。谁都不知道自己能顺利到什么时候。顺利的时候唯我独尊不去建立深厚的人际关系，遭到失败的时候就会处境困难。

“啊，这不是梦吗？”这样好的时候一定会有。但是某个瞬间“那是噩梦吗？”坏的时候一定也会回来。做的事都进行得很顺利，心情无限好的时候不要忘了去关心朋友和身边的人。那样一层一层积累起来的信任可以让你的成功率更高。

恋爱的经验也是财产

●受过锤炼的感情线

L虽然在工作上十分干练，但是人际关系方面很奇怪，跟周围的人都特别生疏。她还有个奇怪的地方是不能习惯男同事的亲切，总是感觉脸上火辣辣的，先去想“这个男人对我这么亲切的理由是什么？或许是喜欢我吧？”自己的心先开始燃烧。

她固执地认为决不能单身，“想要结婚，一定要结婚”的想法已经变成了负担，她才会变成那样。虽然在她这个年纪积累了一定程度的社会经验，但是男人向她示好的时候她总是手足无措。

相反，比她年轻四岁的后辈S对男同事的态度极其自然。她很有魅力，虽然追她的男人很多，但是她一点儿也不惊慌也不容易被打动。与其说对自己的魅力有自信，倒不如说S有礼貌、反应快而且谦虚。她知道和男人保持距离并自然相处的方法，也知道不让人心情不好明确拒绝的方法。

两个人的差异就是恋爱经验不同。L别说是和男人恋爱，连约会的经验都几乎没有。总是害怕有什么事而提防别人，度过了上学的时期，进入社会生活后发现，与异性的关系中除了工作，调节其他感情的能力几乎为0。总是误会，自己着急上火，受了很多伤。

相反S不仅与很多异性有浅的交情，还有与相爱的男人交往很久又分手的经验。她在某种程度上熟练地读懂男人的想法和感情，应对能力也得到了锻炼。她无论是面对进行猛烈攻势的男人，还是自己有好感的男人都不会轻易动摇，都能够正常工作生活，感情得到了锤炼。

虽然有人会说S是“感情消耗得太多，消耗消耗就变得贫瘠了”，她既不是对爱情的心已经消耗没了，更不是在歪曲自己的感情。只是调节自己的感情，并尊重别人的感情，只能说是得到了一定程度的锻炼。

●即使受过伤也去爱吧

不管是什么经验，尝试过了最终会成为用钱都买不到的精神方面的财产。恋爱的经验也一样。年轻的时候经历过的恋爱，经过长时间磨练的感情特别稳定，也会锻炼出识别真心的慧眼。

虽然在爱情里受过伤的人稍不留神就会关上心门，但是换取了能够识别真情的眼睛。伤得多深就有多成熟。

被人爱被人喜欢的人，能够理解他人、照顾他人。爱了十次每次都受伤的人比起一次都没爱过一次都没受伤的人更成熟，生活中充满芬芳。单纯是坚持，即便看到生活中黑暗的地方，也不会错过那些干净美丽的部分。

虽然失败的恋爱经历会让人痛苦，但是也是特别的财产，让人变得更坚强。

“女人很软弱但是妈妈很坚强”这句话是说“妈妈”通过恋爱、结婚、生产、育儿，作为丈夫和子女最亲近的人，爱的感情不仅是在心理，是通过整个身体来体验的，所以妈妈很坚强。

扔掉对恋爱的恐惧吧，不管什么时候去恋爱吧。只要注意爱情的重量如果变得越来越重，不要让它成为工作和梦想的绊脚石。

爱情和恋爱让现在所做的事更顺利，有像咖啡一样的效果，不要去躲避。

Part 5

暴露

展示你的颜色和风格

每天稍微有点儿激情，

每天都有些变奏，

是使我朝气蓬勃的原动力。

致命的魅力

●忠实于当下幸福的女子

有“幸福的人生再长也只有五分钟”这样的话。不同的人对这句话反应的方式也不同。有的人厌恶或者持讥讽的态度；有的人认为是没有根据的设想；有的人认为“对，就是这样”拍手叫好喜形于色。我认为这句话将人类永不停止追求幸福的本质具体化表达了出来。

幸福的人有魅力。即使不知道幸福的本质是什么，从表情上来看也能充分理解。对别人对自己都无法隐藏的最真实的满足的感情状态就是幸福。这些人的脸像花一样美。不管长得多好看的脸，不管什么高级的化妆方法都无法模仿那样的脸。

幸福的感觉包含在爱情中。陷入爱情的人会从周围的人那里听到变漂亮的话，被问到是不是有什么好事发生，都是因为来自于真实感情的幸福感。但是幸福真的不是他人带来的，而是从自己身上来的。

叫醒自己的心，忠实于现在的生活是获得真实感情的第一个秘诀。执着于过去，或者不努力，对未来盲目乐观最终是无法幸福的。《花海》记录过越南的一位僧侣强调的一幕。吃饭的时候不要去想别的事，只在意吃饭本身的行为，停留在吃饭这件事上。喝茶的时候不要去想之前跟自己喝过茶的人，只沉浸在现在正在喝茶的行为中。那样我们才能感觉到这一刻的幸福。

幸福的女人有魅力。知道怎么让自己幸福，懂得变幸福的秘诀的女人更美。

●人性化的魅力是首要的

说到“魅力”首先想到的是对异性产生吸引力的性格魅力。男性中“花美男”因为外貌出众而有魅力，心思细腻温暖更好，要不然就要有别人比不上的特长。女性的魅力不是那样简单的。长得差一点儿还说得过去，胖就没希望了，在当今社会生活，女性平生的负担是减肥。保持体重是根本，然后是整形，要整得越看越漂亮才行。我们就生活在这样的世界里。

但是还有可以压倒外貌魅力的第一位的魅力，就是人性的魅力。看到不公平的事愤怒站起来的勇气，别人不愿意做或者感觉麻烦的事，卷起袖子毫不犹豫地去做，相比于形象和外貌，通过做事的能力展现出自己的热情，明知道被隐瞒也装作不知道其中隐情的慧心，对自己小的失误严格但对别人大的失误痛快原谅并帮忙遮挡的度量，这样的为人能够压倒外貌魅力，是外貌魅力无法相比的魅力。

想要做到那样就要锻炼让心变宽。还有努力展望未来不能懒散，因为只看到眼前的人心是不会变宽的。

看到不公平的事愤怒站起来的勇气，
别人不愿意做或者感觉麻烦的事，卷起袖子毫不犹豫地去做，
相比于形象和外貌，通过做事的能力展现出自己的热情，
明知道被隐瞒也装作不知道其中隐情的慧心，
对别人大的失误痛快原谅并帮忙遮挡的度量。
训练将心变宽吧！

第一印象好的人

●外部形象设计

时代剧变，竞争越激烈能够左右竞争力的武器就变得越少。“小的差异”，细小的裂缝成为了决定成败的关键因素。简单地说形象的差异能够左右成败的时代来了。

21世纪可以说是3D时代（3D是Digital，Design，DNA）人的外部形象是与Design有关的。像买任何商品都买设计好看的一样，人际关系当中，有好的形象、好的印象的人好感度也高。拥有给对方好感的印象，人际关系会变得顺利，最终生活品质也会提高。

第一印象给人好感的话以后见面的时候就会容易形成信任，给人反感的话关系可能会停滞不前。那么什么决定第一印象呢？经研究调查显示，外貌占80%，声音占13%，很多人认为重要的人格只不过占了7%。这样看来见面不是人格和人格的见面，而是形象和形象的见面。一个人的形象是由表情、发型、时尚感、姿态、谈话、举止和礼节、手势和姿势决定的。

决定第一印象的最大要素是脸，脸是所有人际关系的第一道关卡，第一印象好的人总是马上能绽放笑容的人。无论有怎样漂亮的脸蛋，帅气的衣服，外表相貌堂堂的人，如果脸部表情僵硬也无法传达给对方好的印象。

美丽的微笑不是一天就形成的。练瑜伽的时候在镜子面前扬起嘴角练习微笑吧。扬起两边嘴角的时候说“茄子”，不仅能锻炼肌肉，也能自然而然地露出微笑。开始会感到尴尬，有些累。但是有必要下意识地去练习微笑。每次和他人对视的时候，要在脑海中铭记和家人、邻居、同事等认识的人对视时无条件的微笑，那样会在不知不觉中给对方留下好的印象。

●充满真心的表情

经过训练的问候虽然是能体现出一个人品格的重要元素，但是无论对谁都无条件认真进行问候也是不好的。好好问候是在有价值的时候，无表情机械的问候反而会给对方带来负担。

想要郑重地好好地问候，比什么都重要的是装满真心。和他人对视的瞬间，微笑着说“您好”，用明朗的声音问候吧。装满真心问候的时候，自己的心情也跟着爽朗。

训练过的有亲近感的对话是在和对方对视的状态下，用微笑的脸庞和明朗的微笑形成的。还有我们的声调要配合对方的声调。就是对方说话的声音大，我们的声音也要差不多大，对方声音小我们也要小声说话，这是应对的技术。掌握对方的方式并有应对的能力很重要。

现代社会是以形象定胜负的时代。想将自己的附加价值变得更高的话，就要构筑自己固有的形象。一个人无论业务能力有多优秀，如果形象不能跟自己的职位相匹配，不知不觉就会被组织排挤出去。

打造形象不是像政客或者艺人那样特别的人才去做的，也是尊重个性的时代里追求生活质量的现代人需要去做的，外部形象的改善是培养自信的重要基础，但是不能忘记最终外部形象的改善也是需要真实的内在实力的。

和看起来不一样的魅力

●K前辈的两张脸

J在一个化妆品公司企划室工作。她最近经常去找同公司的K前辈办事，相处得很愉快。K前辈话少穿着朴实，因为安静得像是可有可无的人，说自己想说的话或者有人问问题时回答总是语无伦次结结巴巴的。所以来公司三个月J都没有留意到她。

但是突然有一天，那是K前辈准备了很久要做报告的日子。让人惊讶的是K前辈完全像变成了另一个人一样。说话一点儿也不结巴，声音既不低沉又释放出自信，眼睛里很安静但是充满了热情。挺直腰板个子看起来也更高了，似乎马上把这件事交给她也会毫无问题地完成一样。曾是新进社员的J特别吃惊，因为K看起来完全是两个人。所以向入职一年的前辈问是怎么回事，那个前辈用一点儿也不吃惊的口吻回答道："那是K前辈的魅力，是领袖风范。私人问题上很内向很害羞，公事上却积极进取有自信，这样的人才是专家。虽然私事上谦虚、安静，但不是难相处或者冷漠。新进职员没有不对K前辈感到惊讶的。"

人们总是在意外中发现魅力，预料之外的言行更让人吃惊，对人有冲击性，那样的人用强烈的魅力吸引人们的注意力。相比于努力变成跟别人一样，和别人有点儿意料之外的不一样是成为有魅力的人的秘诀。

●异类之间相遇

世界上可以享受的很多，可以经历的也很多。但是突然将很多事放在一起，失去兴趣的人也很多。连想要试着做的事、想要去的地方都没有的人是没意思的人。对这样的人去期待生动和活力当然很难。所以如果现在不是很满意自己的工作，即便是没有想做的事也要明确地培养一种兴趣，去享受它才能重新找回生活的活力。

女演员金贤珠的兴趣是针线活。《贤珠的手工故事》一书中，可以看到她对做手工感兴趣已经很久了。作为工作和生活都没有规律的女演员，做手工能让她感受到非常安静又有些单调的平和。在去旅行的飞机里面，将沙沙作响的碎片拿出来，戴上眼镜做手工的样子，特别可爱。对金贤珠来说做手工不是兴趣，休息的意义更大，总之她的职业和兴趣完全不同的气质让她的魅力指数又增加了。

看起来斯文的人喜欢危险的体育运动，平常很吵失误很多的人陷入小模型制作的样子，都是视觉冲击。魅力是这样不同性质的东西之间相遇形成的化合物。虽然没有必要故意勉强地拴在一起，从我们以往的方式、形式、模式中挣脱出来，去找找看不像我们的东西吧，这是让我们变得更有魅力的又一秘诀。

拒绝平庸

●自己在宾馆房间里

R一周给自己一天来享受，制造沸腾的一天。有时根据情况一天会变成两天一夜。她上班带来一个偌大的包装盒的时候，公司同事们就知道这天是她特别的一天了。R的包装盒里装了什么呢?

主要是“衣服”：适合俱乐部或者酒吧的非常迷人的礼服，适合攀岩的时候穿的运动衣等，上班的时候带着它就预告着这天是她外出享受的一天。公司的同事开始是对小小年纪就有自己享受的原则的她感到好奇，后来慢慢地变成对她威胁一半、拜托一半的好多次都跟着她一起去了。攀岩，莎莎舞，保龄球比赛等等。

跟着她去的同事们第二天都带着疲惫的面庞和身体，像坏了的泡菜一样无精打采地来上班，R却相反更加有活力了。她度过这样一天的理由是这样的：R度过特别的一天后，比起休息过的人更有活力，做事的集中力和效率更高，状态也好，谁求她帮忙的话一点儿都不会被拒绝。大家都很喜欢她，她有时候有些撒娇的请求大家也大方地答应。

R家里的人口较多，没有一天是安静的，她周末和休息日会独自去住酒店。在酒店里睡个够然后读会儿书，睡一会儿、吃一会儿度过一天。虽然会花一些费用，但是也没有跑很远去找休养地，在附近的地方找到能让自己完全休息的方式也很好。她住酒店的事在公司内虽然暂时有些风言风语，但是对一些传闻不放在心上不以为然的态度也是R的一个特征。

R不管什么情况下都不会将为自己准备的活动取消。是因为用特别的积极的方法为自己准备的活动，对她来说不仅是一种兴趣也是休息。通过它让自己更有能量更有兴趣地做事，能找到享受做事的从容，成为了甚至连别人的嘱托都能很来劲儿地去完成的援助者。

●单调的生活招来危机

人们总是长时间地反复做同一件事一定会产生厌烦感，每天都一样，和昨天一样的今天一直在重复。都不知道厌烦没有变化意识，一边想着“生活不就是那样么”，一边自暴自弃地度过。就像演奏者按照乐谱上的音符诚实地演奏很容易，但是与众不同的变奏或者改编就会变得生疏一样。

生活下去的力量其实没有什么大不了的。每天都稍微有点儿激情，每天都有变奏，是使我们朝气蓬勃的原动力。“不能死就那样活着”的表情一天天坚持维系的样子，不适合要走向成功的人。

想要成功的话就让自己的生活经常变化一下吧。稍微看起来有激情一些能保持持续力向前进步。熟悉的单调的生活从哪天开始变成习惯就说明已经没有了挑战精神。

直到说“这样的生活就算成功了”的那天，变化和激情应该一直都在。

展现自我的生活方式

●展示风格和眼光的礼物

有时使用很久的旧东西比新东西更好。大概谁都经历过买完新东西放在那儿，然后继续用旧东西的情况。因为旧的东西有回忆有故事，也许隐藏着爱情。说到品味就会想起体态端庄、干练，有家乡“姐姐”感觉的音乐人，同时也是播音员的卢英心，她喜欢送礼物，周围的人都称她为“礼物少女”。播音开始前等待的那个空隙，过了约定时间约好的人还没来的时候，她都在像写日记或者写信一样在制作包装礼物。

读《卢英心的礼物》，就会知道很多原本想象不到的东西可以成为礼物。钢制军用炮弹箱里装满创可贴、绷带、消毒药、消化药、止泻药、小剪子和一盒口香糖，作为礼物送给喜欢旅行的夫妇；给擅长送礼物的朋友将礼物美美地包装后再送给她；给擅长自己修头发的朋友从南大门买来剪刀套装；给好久不见的朋友寄去记录自己近况的挂历，直到记录到可以重新见面的那天……

送礼物是亲近朋友的方法。表示我们和那个人之间的关系有不能断的线连接着。人和人之间的关系，让它更结实的东西就是礼物。礼物也是展示自己风格和眼光的好工具。卢英心的风格不仅是音乐还有她的礼物，她的礼物在她的朋友中闻名。

●仔细看会发现不足

一个人的风格想要成为“高级定制”很难。搭配衣服，对音乐的取向，享受文化生活的形式，硬要去定做的话没有意义。即使是好的衣服或者贵的衣服，特意穿得与众不同，跟平常的风格不符也是不舒服的。总是穿圆头的皮鞋突然在奢侈品店买了尖细的高跟鞋，也不会一夜之间就变得贵气了。

风格是外面和里面协调才能够成为魅力。无论打扮得多么高贵，嘴里说的都是粗话和俗话，混合起来会怎样？穿得很清纯，风格像单纯的少女一样，总是带有嫉妒心和自卑感，总是去指责比自己好的人，满口都是傲气的话会怎样？

温暖的人，关心他人照顾他人的人，清楚地知道什么时候应该出头什么时候应该保持沉默的人，什么事试过一次至今都会记住的人，知道什么颜色适合自己的人。想想就知道这样的人不赖，但是想成为这样风格的人需要不断地努力。

其实这样的努力只做一两次，跟想要打扮自己就化很厚的妆一样收效甚微，只有长时间勤奋地去努力，才能成功。起初有些勉强，不知道哪个瞬间就成为自己的了。这是真的。

把用看得见的东西来装扮自己的想法先放下吧。肉眼看得到，说不上某个瞬间就暴露了。用眼睛看不到的东西去填补自己的内心吧。做让自己安静下来的事，要仔细观察对我们来说不足的地方是什么。人生苦短，没有很多时间回过头来再看自己，所以在当时就要看清楚。

留出每天给自己的时间。

请帮助我

●说出来很难，写下来容易

D曾经在三四个人以上的聚会中很难说出自己的想法。虽然在很亲近的朋友之间没有问题，但是在不认识的或者比自己年长的人面前就会很怯场。想要说的话一直在脑海中盘旋，但就是说不出来，最后弄得自己很郁闷很伤心。

D大学毕业进入社会生活前就因为自己这样的性格很担心，但是她最近很幸福。刚开始进入职场的时候不是一般的困难。在面试中屡次失败终于进入了一家公司后，为了适应新环境她下定决心倾注全力。D入职后的几天给每一位部门同事都写了一封手写的信。大致内容是告诉同事自己性格中最需要改的地方，因为这种性格会导致的很多困难都罗列出来，并进一步表示自己正在努力中，但是最近一段时间可能要用这样的信来转达自己的想法，希望得到理解。还将自己的电子信箱写在上面，也向大家要了电子信箱。

那之后D除了职场适应期间、公共会议时间没有办法交流，剩下的时间都会和同事们通过邮件来分享意见。写邮件的时候不会落下爽朗的、温暖的、特别的问候，还有跟工作有关的简单明了的要点。有时也只是发一些问候的话。

她虽然不擅长说，但是写东西特别有天赋，能够牵动别人内心。慢慢地适应了职场生活，现在即使不用邮件也能和大家亲近起来了，可是大家都在等D的邮件。

“D，为什么最近不发恋爱邮件了？等得我眼睛都要掉下来了。”

“上班能够收到D的邮件是最大的乐趣了。给我发吧。”

“哎，D严重的认生感能够一直下去就好了。就可以收到邮件了。”

同事们像小孩一样的撒娇和淘气慢慢地将D改变了。有了自信的感觉跟陌生的人聊天也变得简单了。感觉什么事都可以完成，很享受上班的感觉。D今天也是给部门所有的同事都发了有趣的邮件后睡觉了。

●直率是优点

和D相反，C的话特别多。她享受自己说话的感觉，一开始说话就停不下来，也不知道在哪个地方应该停下来。像机关枪一样一直说，别人根本插不进来。有一次亲近的朋友给了她一个严肃的建议："减少自己没用的话，边看着别人的表情边调节节奏。"

C在那之后想要改正这个毛病，努力了几次，但是习惯不是那么容易改掉的，所以C不顾羞愧对大家说："我说话的时候不容易停下来。所以我话多的时候大家一定要向我亮黄牌。我绝对不会心情不好，会感谢大家的。我真的要改正这一点。"被C拜托过的人打断了她几次后，C开始可以调节说话的节奏了。

谁都会有缺点。知道那个缺点想要改正，虽然努力了但是还是不行的情况也有很多。这样的时候就直率地说出自己的缺点，是将它变成优点的好机会。在别人的提醒下可以改正，在自己的坚持下也可以改正。越是难改正的事越要直率地暴露出来。

直率的人容易给人留下积极的印象。这是一项技术。有些企业会把有问题的产品回收，然后去解决问题，企业的"保修制度"让企业得到广大消费者的信赖。承认不对的地方努力去纠正，是使缺点不再成为缺点的方法。

时尚是战略

●有节制的美

印象中能够有节制地使用饰品的人是希拉里·克林顿，在反坦克炮上面挥舞头巾的前英国首相撒切尔夫人，用干练的时尚风格吸引视线的前法国总理埃迪特·克勒松，着传统风格服装的菲律宾前总统阿罗约，用胸针来传达政治形象的前美国国务卿奥尔布赖特，成为世界时尚业界图标的米歇尔·奥巴马。谁更美更有时尚感很难掂量。

站在世界权力中心的女性的样子很美，拥有不亚于男性的能力，同时能恰当地展现时尚风格使她们无论走到哪儿都是新闻对象。

在世界史上占有重要位置的主角们、那些成功的女性们的时尚风格是怎么样的呢？通过新闻或者照片可以看出，她们在忙碌又紧迫的行程中，也不会在打扮上偷懒。

从前韩国女人的时尚是跟男人穿差不多的衣服，在街上经常看到扎领带的女人们。但是进入20世纪90年代，有了“不一定非要跟男人一样”的认知，开始出现要自然地表现本来女性化形象的主张。

一般女性职场时尚的最大美德是节制。比起尽情地展现个性，根据时间、地点、场合制造谦虚的、干净的形象才能得到高分。过分暴露和没有头脑的饰品、绚烂的色彩也许能够暂时吸引同事们的眼球，但是最终不是一个做事的人应该有的样子。

但是像周末出去郊游，或者姐妹聚会这样的场合，过分节制的穿着时尚指数也是零。那是展现自己个性和风格的绝好机会。应该穿给人柔和、温暖、有活力感觉的衣服。像往常一样穿高跟鞋正装会让人喘不过气来，那也是一种土气。

●根据基本去谋求变化

很多职场女性共同的烦恼是打开衣柜发现没有一件能穿的衣服。好像很勤奋地去买了衣服但是没什么能穿的。那是因为认为时尚就是恰当的时装的错误看法。有的人能将几件衣服穿出好像有很多件衣服的效果。

职场女性们应首先备齐时尚的基本款，包括裤子，适合季节的正装，流行的、彩色的衬衫，准备那样两三件基本风格的衣服，在这个基础上运用排列组合，再搭配一些饰品等制造出的变化不会逊色于时尚的领导者。大部分女性比起一件质量不错的衣服更注重衣服的件数。每天都有新衣服穿虽然很好，但是买质量不好的衣服，会有掉色或者变形的情况发生，不能穿很久。比起买三件质量不好的衣服倒不如买一件质感和剪裁都很完美的衣服。

如果想花最少的时间努力去达到时尚效果，需要学习时尚的态度。去时尚的地方溜达，那里会产生时尚标杆效应。最后留意那些虽然穿着华丽，但是不拖拖拉拉不复杂显得干练又帅气的人。

想要真正成为帅气的人，要把最新的流行元素和自我的个性结合，放大镜般地将自己展现出来。适合时尚氛围的淡妆，自然的发型，柔和的面部表情，有教养的语气，节制的装饰，安静的姿势也很重要。让自己的形象看起来帅气很重要。

形象管理

●显露美好的内在

这个时代形象也是竞争力。以前“形象制造”虽然被认为是政客或者是艺人专有的，但是现在企业或者个人为了提升自己的价值来制造固有的形象也很重要。

制造给对方好感的形象跟社会生活中自身的专业知识一样重要。扩大个人的价值，关心自己的形象成为了成功的必要条件。所以个人顾问和形象设计专门机构盛行，大学里相关的教学讲座也吸引了很多听课的学生。

个人顾问们都强调一点——通过最自然的样子来打动人心注意表情和姿态。无论穿着多贵的名牌衣服，多么精心地弄发型，不管什么时候都是一副刚踩到口香糖的表情或者以忧郁的脸面对他人，不管为了外部形象做了多少努力都会成为泡影。

为了不给他人不舒服的感觉，所有的行动和姿态、表情都包含在形象管理中。隐藏自己的缺点展现自己的个性，都属于努力范围。待就业的学生应进行面试形象管理，了解企业的形象取向是在就业难中提高自身竞争力的重要战略。

选择适合自己的颜色和服装，给人好感的微笑和语气、礼仪等也很重要。战略性形象的管理范围越来越扩大了，包括能够打动人心的表情和姿态是什么，穿什么样的衣服更有利等需要考虑的内容。

形象管理的意思是追求给人好感的最好形象。说话的时候有什么习惯，什么表情，嗓音是不是稳定，说话的速度怎么样，语气或者用语选择是否恰当。从今天开始去在意这些，这是形象管理的开始。

●接受专家的帮助

形象管理不是整形手术，不是突然改变了模样，是从意识开始慢慢地改变，让内在美显露出来。无论外貌怎么改变如果意识没有变化最终也会导致形象提升的失败。通过外在自然地表现出内在的自信感是形象提升的关键。

前面已经说过，首先努力找到自己在形象管理上存在什么问题，然后要找到改变的方向。自己找到方向可能会有困难，如果没有改善的自信，找形象顾问也是一种办法。形象顾问机构是根据个人的形象来做出客观的诊断，然后提出改变的方向。个人虽然掌握了改善形象的方向，但是具体应该怎样做有时候也很盲目。

专门做形象制造的机构是将现在的形象风格和未来的形象风格做比较，为了塑造最好的形象来设定方向，进行表情、举止、声音、语气、谈话训练等。不同的机构有差异，一般经过三四次沟通，就能开发出独特的形象风格。

公司职员L总是苦恼公司同事和上司看自己的眼神有些奇怪，去了形象顾问机构后，她的表情不自觉地就变明朗了。脸蛋长得漂亮也特别会穿衣服的她，问题在于总是一副像被球砸了一样的表情。L从专家那里接受了微笑训练。当然看到变得明朗的她，同事的眼神有了变化，L很享受现在的公司生活。

Part 6

发挥

我有什么不同

很难自由地表现感情的话就沉默吧。

在像现在这样互相话都很多，扯着嗓子表达自己主张的社会里，话少反而成为一种优点。

说话的时候，正确地表达自己的想法很重要，

正确地听别人说话却更重要。

享受工作是最强的竞争力

●继续寻找宝物

大多数的职场人不知道自己最擅长的是什么。问他们擅长什么，也许没有什么特别擅长的或者不知道是什么，都是这样负面的回答。很遗憾不能发现自己的“才能”，长时间做其他的事浪费时间，或者做自己不适合的事承受了很大压力，这样的人比比皆是。

基督徒认为造物主在我们出生的时候安排好了我们应该做的事。只是因为它隐藏在很深的地方，大多数人不能容易地找出它是什么。人生就是找出它的过程，在这个过程中经历困难。就像小的时候去郊游找宝物一样，有的人能很快找出宝物，有的人时间到了也没能找到宝物。没能找到宝物的人会叹息自己的“运气不好”。

虽然是自己找到的，但是成功的人一般会说是神赐予的宝物。天生的气质，天生的兴趣，天生的才能，突然发现这些都是灿烂珍贵的宝物。但是很多人很难找到它的理由是它隐藏在“一般都不会去看的感觉既寒酸又破旧的包装纸”里。

不管是谁审视自己的时候，比起自己的优点都会将自己的缺点无限放大。但是在失望、愤怒后，过一段时间突然会恍然大悟，最终发现自己内在的源源不断提供光和力量的泉眼。那光和力量称为“才能”。世界上的很多伟人分明一开始也没能发现自己的光，有一天发现了自己的才能成为了真正的自己而变得伟大。

重要的是不要失望。因为是造物主的礼物，没有“才能”的人是没有的。只是你还没找到。郊游结束了宝物也可以继续寻找。到现在为止一次都没有找到宝物的人，留给他们的时间还很多，自己那份宝物不管什么时候都在那儿等着呢。

●比起“优势”更集中于“强项”吧

“我虽然不擅长做菜，但是我做菜的时候最开心最幸福。”

这是我的优势呢，还是强项呢？这是强项。擅长做菜虽然叫作“优势”，但是享受做菜这件事就是“强项”。当然优势也好强项也好都是要跟“才能”交朋友，但是培养强项胜算的可能性更高。因为没有比让自己愉悦的事，自己喜欢做的事更有“竞争力”的了。

觉得做菜是种享受当然就更想要去学习。那么自己一向想要去学的做菜现在开始学也不晚，就下定决心去学就行了。也许想学习撑杆跳已经晚了，但是学习做菜不会。将自己的极限扩大很重要。准备料理师的考试，参加各种食品展览会或者鉴定会，听著名料理师的讲座，想象着自己也能成为料理师，也能在台上讲演，然后去努力吧。如果能在学习料理的过程中不气馁并享受，是不是说明料理才是我们最能集中精力的项目呢?

没有别人的帮助自己也能兴奋起来，用自己的力量去启动发动机，那个就是我们要开发的“才能”。找到我们的强项，做得越来越好来激励自己吧。

因为是造物主的礼物，没有“才能”的人是没有的。

只是你还没有找到。

郊游结束了宝物也可以继续寻找。

我们的那份宝物不管什么时候都在那儿等着呢。

幽默是幸运的钥匙

●幽默是包治百病的药？

没有幽默感的人一般都没有人气。有点儿冷幽默的人和那些特别认真一点儿幽默感都没有的人有很大差别，因为幽默可以展现对生活对工作的态度。

有一个持续了几年以小孩为对象的在线调查，结果显示几乎所有的小孩都喜欢跟有亲和力、有意思、幽默感丰富的老师在一起学习。带点儿幽默教学的老师不管是从前还是现在人气都很高。那么我能给我身边的人快乐吗？需要为了给别人带来笑容努力吗？如果感到尴尬那就练习一下吧。为什么要练习？答案很简单，因为总是带着笑容的人运气也会跟着他走。知道了幸运的秘诀没有非要躲开的理由吧。

幽默的力量可以平息愤怒和痛苦，培养自制力，减少跟他人冲突的可能。还有数落、教训、批判、忠告的时候，活用幽默，不会给对方带来不快，还会有效地传达自己的想法。避免感情的正面冲突，圆滑的沟通是“组织生活的安全装置”，那也是显而易见的幽默的效果。

有幽默存在的组织里，有笑容和活力。对像神经坏死一样“对人没有感觉”的现代人来说，幽默和笑容有时比聚餐和休息更能发挥力量。从今天开始尝试给别人带来欢乐吧。从我开始搞笑，在明快的气氛中工作，沟通的道路会像高速公路一样，可以畅通无阻。

● 时间节点，训练，执行

幽默的人一般内心平和，生活比较悠然自得。幽默就像我们生活中的清凉剂一样，找到它也是一种能力。不知道如何称赞别人的人，准备称赞的话去练习，不幽默的人准备练习幽默也不是不好。其他人无论怎么说都觉得有意思可笑，我们即便说一些有意思的话也有点儿冷冷的感觉，说明我们对幽默还很生疏。经常尝试，经常努力把别人逗笑的过程中，能锻炼说话的技术。

特别是跟不认识的人去谈话的时候，谨慎地去说政治、宗教、人种问题这些敏感的话题较好。刚开始说一些没有利害关系、轻快的话题，气氛成熟了之后再进入正题。掌握幽默的时机最重要。多么有意思的事我们说的时候都觉得没意思，这就是错过了幽默的时机。

真正的幽默的基础是尊重他人。随意评论他人的外貌、生理上的缺陷、挖苦同事的失误、笑话他人都不是幽默。即使那些可以拿来说，但是不能带有无视和嘲笑。

温暖的心灵和对世界万物的关心，对幽默充满热情，首先要具备端正的态度。那之后为了培养必要的幽默感，需要积累知识。想要运用流畅成熟的语气、丰富的词汇，读书才是幽默的源泉。不要忘记关心的领域越多，越具备高品质的幽默。

还有培养幽默感具体的实践事项是，改变想问题的方式、习惯记录、养成联想的习惯、熟练的对比和比喻、不懈的实践、习惯性的身体礼仪等等。熟练幽默以后发挥实力的时候绝对不要做长篇大论，因为人们等不到真正有意思的部分，在那之前就已经泄气了。

战略性的自我宣传

●不夸张地活用缺点

职场人之间讲究谦虚和美德的时代已经过去了，默默地、安静认真地只做分配给自己的事的职场人并不受欢迎，我们正生活在无论什么职业都要积极地宣传自己的时代。假装清高和自我宣传不同。高职位的人把我们介绍给别人之前，我们先去介绍自己给他们留下深刻的印象，是“职场清单”中应该做的其中一件事。

有很多人不能自然地将自己显露出来。试图去宣传自己，怕别人觉得自己讨厌，总是害羞和小心是其中一个原因。但是有办法使自我宣传让别人感到新鲜和爽快。

首先需要客观地了解自己。亲近的人，很了解自己的人，或者刚认识不久对我们的内在还不是那么了解的人等，听周边人的意见，整理一下自己客观的样子，之后不夸张地去表现自己。

通过别人客观的视线掌握的优点当然包括缺点都要诚实地表现出来，为了改正缺点请求帮助，也要实实在在地广而告之。有时需要拿不是对形象有致命打击的失误来开玩笑。

我们的品牌价值和别人的有明显的差别。为了自己的才能不在组织中被埋没，认真做事增加自己的价值也很重要。有效率地去宣传自己，价值会变为两倍、三倍，默默地去完成分配到的任务的人最终只会留下还过得去的评价。

● 为别人而穿

向一个外企任职人员问了这样的问题：为了录取最适合的职员，最终面试的时候候选人的哪个方面最重要？得到了毫不犹豫的回答——“外貌”，让人很惊讶。但是他说的外貌不是说长得怎么样，是能够显现品性的表情，灵动的眼神，有自信的外表和理直气壮的态度，感觉到可以信任等，公司会选拔这样的职员。已经到了最终面试的人经验和实力已经没有问题了，但还是要像第一次见到这个人一样去看他。

有人认为有实力就可以，外貌有什么重要的，但是要知道形式是装内容的器皿。像商品不仅本身重要，包装设计也很重要一样，如果一个人有不太入眼的着装、失去光芒的眼神、没有欲望的态度，别人对这个人的评价一定不会太高。

去商店是选过了保质期落满灰尘的商品，还是选看起来新鲜的商品？虽然有实力但是外表没有吸引力，抓住好的机会是很难的。

本杰明·富兰克林说过“吃要吃自己喜欢的东西，穿要为别人而穿”。唐朝初期，在选拔传统社会管理者的考试中，人物的评价基准是“身言书判”。比起口才、字迹、判断力，首先考查的是举止是否端庄，即别人看到的你是什么样子。

机会只留给有准备的人

●开始行动的时候就已经晚了

有一个术语叫“动物的直觉”，常被误认为是针对男性的业余爱好或者运动方面来说的，但其实是指不分性别，不同的人在各个不同的领域有特别的超越他人的认知能力。对这个世界有影响的优秀的领导人们，有这种动物的直觉。他们对于资金的流动，权利移动，捕捉趋势这类时代的动向有不同于他人的特别的眼光，就像本能一样能把握那样的变化。对于领导人来说要求的诸多领导能力中最重要的一点就是对这些变动的捕捉。

对于这些变化，普通人捕捉到时就已经晚了。在面临地震、洪水、海啸和自然灾害前，像提前逃离那个地区的动物们一样，从不知道是不是真的会发生的时候起，就要保持那种感觉。

基本价值倒塌新的价值树立的时候，感知到“那个已经开始倒塌了”就应该要行动。所有的价值已经开始动的时候，因为其他的人也知道那样的趋势，市场竞争就会变得更加激烈，不得不进行“战争”。

有些企业因为没能感知到趋势，把第一名拱手相让。全世界范围内初期PC市场一枝独秀的IBM公司，总是感觉本公司严重的威胁来自于康柏、戴尔、英特尔、微软公司这样的竞争者，但是IBM将康柏、戴尔、英特尔、微软等分开个别认识和应对，没能想到那些企业会联合起来。IBM的危机名单中没有这个伟大结合的“威胁”。比尔·盖茨甚至说过“我们来制作标准”这样的话，这个有挑战性的宣言并没有得到IBM足够的重视，成为了致命的失误。

结果，IBM将第一的位置让给了竞争企业联合后形成的微软。

和个人抓住机会，往上爬的情况一样，不能全部指望动物直觉的能力，自身动物的直觉不足的话，也不要绝望。因为一个人的能力不是百分之百由一种能力构成的。动物的直觉或者本能不足的话可以用其他的能力补充。很多人天生没有动物的直觉，但是在其他方面努力也成为了领导者。

●不喜欢听也要听

那么为了捕捉到机会需要做哪些努力呢？首先通过不同的渠道收集情报。最重要的是核心情报。难做到的话就在自己的位置上收集到可以收集到的情报，哪怕是网上到处涌来的情报也好。当然从告知热点趋势的杂志到世界学者关于未来的预想，要跟上各种各样的媒体传播的消息。

浏览那些零星的八卦或者阅读没有专业性和深度的读物是没有帮助的。上网的时候时间不知不觉就过去了，朋友之间见面一起逛街闲聊虽然重要，但是抽出时间，系统地深刻地去读书也是重要的。

专心去听别人说话也是必需的。人的心理都是只去听自已想听的东西，但是即使是违背我们已有的世界观或者价值观的情报听到了也要去接受。

好听的话并没有那么多，不想听的话就那样当耳边风，以后容易后悔。不想听的话里那些微不足道的东西，也许就是动物的直觉应该感知到的东西。

S电子公司人事组长表示选拔大学应届毕业生时，比起学历和语言分数等，更要看判断力。为什么重视判断力，可以拿竞争者“诺基亚”来举例。他说：“抢了诺基亚世界最大电话制造商位置的理由是诺基亚没有预测到‘电话向智能的转换。’为了培养判断力要经常看新闻。他说：“现在的大学生只听那些自已想听的话。认真去听新闻，会发现不想听到的话里有值得聆听的东西。”IT时代的人将网络视为空气一样重要，是要在心灵深处认真玩味的意思，而不是在各种信息面前随波逐流。

好听的话里并没有那么多奇特有用的情报。

IT时代的人将网络视为空气一样重要。

不要在各种信息面前随波逐流。

好好说话

●确保拥有知识储备

微软的前董事长比尔·盖茨和惠普的前CEO卡莉·菲奥莉娜都是世界性最具有影响力的企业家，同时也是美国数一数二的名讲师。卡莉·菲奥莉娜在说话方面是有天生才能的领导者。“今天早上这里所有的一切都是愉快的。”她在高盛技术会议上关于惠普和康柏的合并案演讲中用这样甜蜜的话作为开始。

世界最大的网上书店亚马逊，2000年经营业绩达到最低。杰夫·贝佐斯在给股东们解释情况的时候说：“啊，是真的吗？真的好残忍。”作为开始的第一句话，模仿了艾略特的诗，让贝佐斯的演说没有得到生硬冷漠的评价，而是变成了人性化的日常诉说。

虽然说话的能力是成功商人们的必要条件，但是无论什么情况下，用一句话来表现自己的能力不是一早上就能形成的，为了确保能够具有成为说话素材的知识储备，就要多读书。

想要好好说话需要看很多，想很多，感知很多，对任何事物都要关心和远瞻。观察有兴趣的事物时，会发现一开始好像没有任何关系的不必要的事其实是很紧密地关联在一起的。这就是话的打通，有很重要的作用。

●认真听和称赞是核心

女性中不能自由地表达自己想法和感情的人很多。如果自己的主张看起来太有攻击性担心对方会不舒服，会无原则地揽错上身，不能准确表达自己的意见，比起说出自己的意见，更多是照顾和顺从别人……女性们从小时候开始就这样，就变得不知不觉有了这个倾向了。

如果很难自由地表现感情的话就那样吧。在像现在这样互相话都很多，扯着嗓子表达自己主张的社会里，话少反而成为一种优点。说话的时候，正确地表达自己的想法很重要，正确地听别人说话却更重要。谈判专家金忠明教授说比率是听七说三。很多人有困难的事的时候总是想听到建议，在风险市场上都知道这个方法，自己的话要简洁地传达，对方的话要长时间地听。不能打断对方的话是铁的法则。

这是最理想的谈话者的姿态——在不影响对方心情的前提下，

按照自己的想法说到自己的故事，最终达到“明确地转达自己的想法”和“他人的故事充分地倾听”。能称赞对方就更好了。

没有不喜欢称赞的人。看到对方的优点并称赞十有八九会获得好感。请求对方帮助的情况下都需要努力倾听。就像小时候的一句称赞的话有可能激发学习的欲望，并成为努力的动机一样。

被称为经营奇才的通用电气前董事长韦尔奇小时候有严重的口吃，说话时总会得到人们的白眼。但是他的妈妈总是这样激励他：“你结巴的原因是你想的速度太快，嘴的速度跟不上。一点儿都不用担心，你长大后会成为大人物的。”口吃的儿子因为妈妈的称赞长大后真的成为了大人物。

认真地听到最后并称赞吧，那是成功的对话方法的核心。

比才能更被看好的优势

●享受挑战和孤独的韩流一号

有“摇摇晃晃的中小企业”之称的K-pop一号歌手宝儿最近成为了试镜节目的评委，看到这样的她觉得时间过得真快。现在少女时代和KARA等偶像团体虽然拿起了接力棒，但是在韩国和日本之间活动的宝儿曾经是一枝独秀。英语、日语、汉语熟练，打实了走出亚洲成长为世界性歌手的基础，毫无争议地被指定为能够代表韩国最高水平的文化产品代言人。

虽然最近没有争议，但她曾经一度被贬低为“被制造的机会产品”。她13岁的时候被演艺企划公司看中，通过训练被制造成“商品”，但是艺人通过公司打造后都能得到那么高的人气吗？不是所有人通过那样计算、组织、计划、训练、培养后都能成为第二个第三个宝儿的。天生的才能和流血程度的努力，还有优点和魅力不是配合得很好的话很难得到那么高的人气。

宝儿很有人气的时候接受采访时，记者曾问她在日本人气高的理由，宝儿回答是很多日本女孩子喜欢模仿自己的歌和舞蹈。是因为日本的粉丝们不能从本国歌手身上看到宝儿那样的活力魅力，所以喜欢宝儿。当时女歌手们根本不会表演的机械舞，宝儿自己想要做就去找编舞老师学习了，她的机械舞让观众耳目一新，并很快为之痴迷。在采访中她展示的两个胳膊的关节完全能随意转动让人很惊讶。

宝儿喜欢不停地有新变化的性格是她自身的优点，所以享受学习新的舞蹈、高难度的舞蹈。被企划室选拔后，通过足有三年的体能训练才能最大化地发挥自己的优势。

演艺公司的练习生们投资很多时间在体能训练上，宝儿是第一人。她不是在很多成员组成的团体中，而是作为单独的歌手忍受孤独和寂寞才走到现在的。

享受新的挑战，不矫情并成熟才成就了今天的宝儿。

●让优势深深地扎根

优势就是自己擅长的事，人都有优点和缺点，虽然不同的人有的人优点多有的人缺点多，但是谁都想将自己的优势培养得有分量，优势足够强大的时候就会弥补缺点。

我的优点就算只有“不动的话也好像是在笑，充满活力，性格开朗”这样也不要失望。有的人笑的时候也是悲伤的脸，笑的时候脸也显得忧郁灰暗，不动都是一副笑面是多大的优点啊，再加上性格也开朗的话，可以充分地给人留下好的印象。这样的人可以做会见到很多人的职业，或者在很多人面前站出来做指导方面的工作。

“特别”擅长的事找起来很困难，因为到底我能做好什么自己也不知道，可能还有隐藏起来的才能，但是自己不能发现。即便对事情没有把握，也要集中精力去做吧。自己的优势用事情的结果来鉴定，这样的优势不要就那样放着，再稍微开发一下就有发展成“才能”的可能性。就像比起钻石的原石，加工后成为戒指戴在手上会更有价值一样。

回头看火花溅起来的地方

●差别化的终结者Lady Gaga

以前有“枪打出头鸟”这样的话。与别人不同有些扎眼的地方，容易跟人产生纠纷，也有可能因受到批评而灰心丧气。但是现在也并非是那样。人们在相似的圆圆的石堆里是不会注意到哪块石头的。所以最近受瞩目的关键词中有一个是“差别化”，反映了在一般中偏好独特的趋势。

怎样才能跟别人不一样呢？怎样才能吸引别人的目光呢？抓住眼光的东西更能占据有利的位置，像Lady Gaga一样。

Lady Gaga继承了麦当娜的流派，但是比麦当娜更具有差别化，以强烈的时尚感得到世界性关注成为巨星。“Gaga时尚”的最大特征是，不是Lady Gaga谁也不能驾驭的世界上唯一的时尚。“不管什么时候我都陷入在时尚里，我为了穿衣服才制作歌曲。”

寿司时尚，生肉时尚，能看到全身的网织品时尚，从胸里散射花朵的时尚，夸张的肩膀时尚等那些没有尽头的想象力，令人惊讶的时尚都展现出来了。和服装相符的奇怪的野蛮的妆容和发型也完美地配合使她发光。

Lady Gaga身高只有155厘米，在欧美人中属于矮个子，但是她凭借奇妙的时尚风格，2008年出道以来多数得到瞩目的名曲，成为了在哪个地方都能制造话题的话题女王，占据了各大版面。这样的她可以说是唯一的差别化终结者。

● 和吸引眼球的人交往吧

吸引眼球的手段当然并不一定是服装，那只是视觉上吸引人的一种办法，因为眼睛能马上看到所以很快吸引了人们的视线。想要吸引眼球关键是不管是什么，要找出哪怕是一点点跟人不同的地方。

不管什么时候不要把自己禁锢在固有的形式和框架里，重要的是能否让自己自由地表现自己。对于新的陌生的东西，充满欲望和渴望，不管以什么形式表示出来，努力获得自我满足。有时候会有文化冲突，虽然会和常识、规矩相撞，但是不管怎样，可以不断地刺激我们和其他人。

总是跟同一个人一起吃饭，总是翻看看过的新闻报纸和杂志，参加相同的聚会，为了简单的业务浪费时间，是很舒适，因为习惯了按照经常用的模式来行动。但是这样的生活态度会让自己陷入老一套和倦怠中。

感觉事情理不出头绪的时候，果敢地去见怪人朋友或者前后辈。周围肯定有一两个这样的人。有跟刺激我的信念和价值观的人经常见面的必要。思想幅度宽的程度怎么也不能估量的人，以出众的想法让人感叹的人，越和这样的怪人合拍自己也会变成怪人。需要不知不觉中刺激我们的人，帮我们从平凡的日常生活中逃脱出来。

现在已经不是看不上那些刺眼的东西的时代了，反而是那些吸引眼球的人的时代来临了。用吸引人的方式去自我表达个性，会形成自己独特的魅力。

觉得自己生活无色无味过于平淡，就去追求新的变化吧。惊艳变身让周围的人惊讶，让自己愉悦。

如果无法遮挡就显露出来吧

●用衣服遮盖身材的缺点

职场女性们每当季节变换的时候都会买新衣服。逛街的时候最重要的想法是什么呢？不同的人买衣服时决定性的要素不同。有的人无论多么喜欢，价格跟自己的预算不符的话最终也不会买；有的人比起适合自己的衣服更想买“自己喜欢的衣服”；有的人比起设计更看重材质和颜色；看牌子买衣服等等。这样看来高价的名品也有人买，中低价的牌子也有人买，便宜的地摊上的衣服也有人买。“到底那样的衣服谁会买啊”即使这样样式的衣服也有喜欢的人。

J在一个宣传公司工作了3年，她选衣服的时候最看重的是“体型”。无论是自己怎样喜欢的款式，不符合自己体型的绝对不会买。因为太好看试一次就冲动买下来，在她身上绝对不可能发生。J的腰有点儿长，腿有点儿弯，以至于下身显得短，她做梦都没想过穿奥黛丽·赫本穿过的那种短裤。只是尽可能地买能遮盖长腰和弯腿的衣服。

但是J的优点是个子比较高，皮肤白，再加上她工作时穿着属于有点儿自由宽松的类型，所以J不用执着于特别的颜色系列。稍不留神就会显得土的衣服也可以驾驭，深紫色的筒裤也穿得雄赳赳的。所以J经常被评为公司内最会打扮的人，知道J腰长腿弯的人几乎没有。J故意没有说而且彻底地遮盖住体型的穿着让谁都没看出来。

J用衣服遮盖自己身材上的弱点，反而成为了优点，在职场生活中更加自信了。

●暴露和隐藏一样吗？

隐藏缺点有时候比想象中难。培养优点虽然容易，就那样露出弱点再去隐藏有时会束手无策。外貌、性格、做事风格或者习惯一点儿都不能改变的话，都会不经易间露出弱点。

但是没必要意志消沉。承认那样的弱点和缺点有时候反而比隐藏更好。现在是诚实的人的时代。自己做得不好的地方，自己的失误，自己不能完成的事都承认，对于用幽默来化解的人来说，能获得无限的支持和信任。比起不能做好还假装自己可以做，隐约有些顽固和自大的人，更能获得好感和周边人的帮助。

现在长得帅，个子高，风格好的笑星变多了。说到笑星好像长得搞笑一点儿会更有利，但是有的看起来完全不搞笑的人搞笑起来效果会更好。或许因为这样，有的笑星也去整形了。

像朴至善、金信英一样，好感型的女笑星一直得到观众喜欢。不美化自己的外貌，反而把自己的脸漫画化，给人们带来喜悦和笑容。观众们对于她们那不好看但是又不讨厌的专业意识表现出狂热。她们将缺点变为优势。

对自己的缺点苦恼，需要果敢地承认并显露出来的勇气。即便不是小的缺点，但是完全向身边的人公开并看起来烦恼反而缺点会引起好感。像诚实一样打动人心的品质并不多，要真心。因为“显露”意外地变成“自然地隐藏”，是以诚实来武装的缺点不再被看成缺点的特别侥幸的错觉现象。

如果缺点无论如何无法完美地隐藏，就完全显露出来吧。

Part 7

沉淀

累积、展示然后去守护

比约定时间提前五分钟，

约定好的工作也早一点儿完成上交。

在约定时间上交的人能博得信任，

提前一点儿时间的人构筑的信任感会加倍。

和自己的约定

●首先从容易实现的目标开始

早上一定要早起慢跑，一个月读10本书，不然的话，今天绝不干什么之类的，跟自己大大小小的约定遵守了吗？跟自己的约定不能遵守，会给自己带来糟糕的感觉。

把目标降低一些再去努力怎么样？

因为是跟自己的约定，心情压抑有负担的话很难遵守。慢跑不一定非要早起进行，有时间的话隔日进行一次，一周进行两三次也很好。还有一周读一本书也很不容易了。这样养成习惯之后一点一点增加难度就不会感觉难以完成了。

有的计划比起自己执行，和别人合作是更好的方法。向家人或者朋友公告自己的计划像跟他人约定好一样，一定要遵守的意念就会更强，会变得更有意思。不能遵守和自己的约定时，会得到别人的激励和帮助。告知很多人会有助于完成自己的计划。

慢慢开始遵守和自己的约定时，对自己的满足感会增强，那样的满足感会成为实现下一个目标的原动力，成为再提高一些难度的时候也会完全消化的力量。产生对自己的信任，无论做什么都有了自信。

●今天的习惯造就成功

人们要过怎样的生活，有时候是天使和恶魔们聚在一起想办法。一个恶魔提出让人们一起痛苦的意见。但是人们希望让痛苦减少些，更加纠缠天使。那么其他恶魔提出让人们变得贫穷。但是人们希望从贫穷中解脱出来，更加请求天使的保佑。但是一直在一个角落安静地听的恶魔，诱惑人们所有今天的事都拖到明天去做。去寺院和教会也明天去，学习也是明天学，今天应该做的所有事都不停地推到明天，结果人们变成了即便是相信天使也从明天开始相信。

成功是一天一天诚实地去做最终积累成的完成品。需要很久，中间也要渡过很多难关。去看成功的人的各个方面，不是去看他们坐什么车，住什么房子，穿什么样的牌子。

成功的人绝不把今天要做的事推迟到明天。准确地设定目标，那天应该做的事一定要在那天完成。在挣扎明天做也行，今天要不要做之前，今天要做的事绝不拖到明天，做好时间管理习惯性的那天就已经全部完成了。

看起来简单的事习惯性地行动起来很难。心理学家们表示21天内持续做什么事就会成为习惯，关键是持续执行，即使是落下一天，也要从头开始计算时间。还有要养成新的习惯，实际行动很重要。

一旦成为习惯就不怎么费力，就成为了当然要做的事，和吃饭睡觉一样自然。就是要从今天去做，现在能做的事要马上去做，一觉醒来马上行动。敏捷地行动忙碌地动起来的话会从“明天再做吧”的诱惑中解脱出来。

“想要这样。”或者“可以这样做。”
这样说吧。
记住计划过的事一定要做，
实践期间忘掉目的地投入进去。
迈出第一步的时候更要集中精神。

和他人的约定

●销售鬼才单纯的原则

保险销售王，汽车销售王，销售的天才，这些人的共同点是什么？或者秘诀是什么？大部分公司喜欢雇佣那些性格好的人做销售工作，认为着装正派、爱笑会说话的人更容易卖出东西。但是那样的人的收入只能到可以养活自己的程度，获得成功很难。

其实没有天生的销售巨人。还有很多成功的销售巨人在开始做销售之前有很强烈的自卑感或者性格有障碍。那样的人都有自己独特的成功方法——单纯地做事。

了解自己的产品和对自己产品的信任是最重要的事，自己看来产品都不怎么好，最终也无法说服别人。

在商品交易之前首先要有的东西就是信赖，要从人们那里获得信任。因为只有信任，我们的顾客才会留心听我们的说明。对我们的信任和对商品的热情是通过我们和顾客之前建立的信任那条线来传达的。

这样的信任和销售的关系在这里还没结束。即便我们已经品牌化，我们的身价提高，制造出了最高端的产品，没有我们和他人之间的信任的话，分明没有人会理睬什么品牌、什么产品。和他人之间的信任无论在哪儿，都要努力去建立。

●用5分钟得到的信赖

现在很多企业招聘新员工时用特别的方法做面试考题。在练歌房里唱歌尽情地玩儿，组队进行篮球比赛。面试官们在这样的面试考试中想看到应试者的什么能力呢？答案是团队合作精神。无论投进了多少球，没有和其他人的合作只是自己单独行动会成为减分项。企业需要的是能够和其他人积极配合达到团队胜利的人。

组织生活中卓越的业务处理能力，诚实，有责任感，领导能力等虽然很重要，但是很多上司选择人际关系作为重要的一项来评价下属。上司重视和其他人的业务协作是不是顺畅，和其他人构筑的信任关系是不是结实，周围的同事是如何评价他的。

女性们也要更努力一些去维护良好的人际关系。最能积累信任的方法是“像刀架在脖子上一样”去遵守和他人的约定。因为是女人，晚一点可以用撒娇让对方网开一面，反正今天那个人下班了我也不能交给他，明天早上早点儿给他就行了，这样的态度会积累成危险的习惯。

无论什么约定，无关于约定的轻重一定要有遵守的习惯。无论是处理业务能力多强的人，想法新颖调动起部门积极性的人，乐于帮助别人的人，不能遵守约定的话，想要得到深厚的信任很难。提前一步准备赴约等待他人，约定好时间也要提前5分钟准备，约定好的业务早一点儿完成。准时上交的人会得到信赖，提前一点儿的人会得到成倍的信任。

不要晚5分钟要提前5分钟。

自我节制的奥妙

●单纯地生活吧

成功的秘诀是只对一件事有热情，然后去“纠缠”。不管脑袋里进入了多少东西，它们互相不冲突不产生矛盾，快速地判断最重要的是什么，保持它们执行的秩序。但是问题是这是不容易的，很多人试图去做却失败了。日常的各种琐事来烦我们，还会发生预想不到的突发事件，想要先去做最重要的事的计划总是失败。

那样的话让它更单纯吧。一天一件，要有只有一件最重要的事一定要去做的态度。确定先后顺序，决心一定要做最重要的在第一位的事。当然第二位，第三位，第四位都决定好，第一位的目标达成的话再去做第二位的事就好。

一般情况下做事的先后顺序可以按照大概期限来决定，但是也没一定要那样去做的必要。不是所有着急的事都是重要的。放在第一位的事是很多人关心的事或者发展潜力大的事，不能妥协的事，一定要去做的事。

第一位的事完成之前，第二位的事要在大脑里完全抹去，那样才能用所有的力量集中精力。需要调整跟第二位第三位的事相关的人的约定。那样才能为必须要做的事留出充足的时间。还有要按照一定能遵守约定来制订计划。因为信任很重要。忽然想起来，带着抱歉的心，在实际上很难遵守时间去赴约，是推翻别人的信任，自掘坟墓的做法。

●障碍物要实时检查并清除

不要让旁骛影响工作，确认邮件，网上购物，给别人打电话之类的事尽量往后拖。如果没有紧急要接的电话，把电话关机放在那儿。在家里工作的人，门铃响了都不要去理会。中途也不要喝咖啡，事情全面开始之前喝一杯去趟卫生间更好。

首先要做第一位的事，从最简单的部分做起，令人愉快的做事节奏很重要。要让身体和精神全部投入进去，慢慢地开始。那样的话预想不到的能量涌上来，身体会慢慢放松，会产生很自然的自己去做事的节奏，事情越推进变得越顺利。

刚开始练习马拉松的人，会从慢跑开始，坚持3个月后，痛苦的时间过去了好像不管到什么时候都能一直跑下去的快感找来。

那最高的快感叫作“Running High”，适应跑步的身体在要求继续跑下去。有过这种经历的人晨跑变成赛跑，然后参加马拉松大赛。

做事也像马拉松运动员感觉到Running High的时候一样，能够感觉到做事的快感。这个就是制造集中力，心情达到最好的感觉状态。马拉松相对于做事，妨碍因素较少，做事之前事先找出妨碍因素，将它们一一排除，精力会更加集中。

手指间遗漏的时间

●用记录来阻止时间流逝

“因为没有时间”“因为忙”将这样的话挂在嘴边的人不止一两个。你也忙我也忙，总是唠叨没有时间是生活中的我们的口头禅。但是实际上是我们没有管理好时间。

一天24小时当成25小时在用的人也有，24个小时里连12个小时都没用上的人也有。

自己是怎样度过时间的，用几天的时间记录，会发现让人特别惊讶的事实。一件事完成的时候马上看时间，当时就记录下来。喝着咖啡跟同事聊天的时间也要准确地记录，早上起来洗漱化妆换衣服吃饭所需要的时间也准确地记录下来。不管以什么方式，不要管什么事，一件事结束后马上记录再去做下一件事。

这样就可以看到遗漏的时间。也许知道我们做事的时候太集中，花费时间特别少的事实后会吓一大跳。也许只用了50%的精力，效率却还不错。如果按照二八法则去做，用不到30%的时间几乎所有的事就都完成了。

二八法则是指人们用自己拥有的时间中的20%完成了80%的事，说难听一点儿，是很多人把剩下的80%的时间都浪费了。

首先将自己的一天所做的每件事所用的时间在纸上记录下来，记录3天以上。问题点是什么，没有用的稀里糊涂度过的时间有多少，不知道自己花时间做了什么，虽然集中精力了但是不知道没有高效率完成的原因是什么，都细心地做一下分析。就会知道怎样分配时间，怎样有效利用时间了。

●谁妨碍了我们

找到遗漏了的时间，对自己来说重要的事，想要珍惜的时间，想要重新开始的意志会变得更强。觉得过去浪费了这么多的时间，太遗憾太可惜，会想要马上就把遗漏时间的洞补上。但是做起来不容易，因为会出现妨碍的东西。

想要集中精力做事，奇怪的是打来的电话变多，一直没有消息的人找来，旁边部门的前辈在走廊的售卖机旁突然邀请我一起喝杯咖啡。还有不能马上开始，各种意识横行需要先整理思路的人也有。还有种种琐事，应该喝杯水，或者应该喝杯咖啡，也不是很急却非得要去趟卫生间等这些事。虽然要做这些事不需要多少时间，但是做这些事期间有可能要遇到某些人或者其他情况，都是吃掉这些零星时间的小怪物。

要自己去营造对做事没有干扰的环境。事先在旁边准备小的矿泉水，制定在上午开始做事之前喝咖啡，或者午饭后喝一杯的原则更好。如果没有因为业务要接的电话就把手机关机。可以的话桌子上的公司座机也在集中做事的一两个小时内拜托其他人来接更好。最大限度地营造无干扰的环境是集中精力做事提高效率的方法。

不停地接受关心

●不让自己冷却下来

经常问问自己，我们真正希望的、能让我们兴奋的充满热情的事是什么？我们的生活看起来懒散的时候是因为我们错过了我们真正想要的热情。

热情是兴奋的状态，绝不要给人看起来懒散的感觉。问问自己，目标是什么？我们想要的是什么？我们现在能集中精力做的是什么？我们对什么事能够真正的集中，意味着我们对那件事充满热情。

对小学生来说，比起强求他去学习，赋予他学习的动机更重要。对于不努力学习的学生来说，需要的不是惩罚，是动机。有自己想要的东西，对它产生真正热情，谁都会尽自己最大的努力。懒惰是关心的问题不是自制力的问题。

自己寻找动机固然可以，接受周边人的帮助也可以实现。选定最了解我们的人，希望我们好的人，真正关心我们担心我们的人，把我们的梦想和目标、具体的计划展示给他们，我们的热情稍有不对劲或者低落的势头，拜托他们毫不留情地鞭策我们。拜托他们千万不要说负面的话，激励我们能够做好。还有拜托他们不停地提醒我们最初的梦想和目标。

向不会对我们泼冷水，总是像我们一样有火一样热情的人寻求帮助。赋予动机和点燃热情对集中精力做事会有很大的帮助。

万事开头难

●生活在25个小时里的秘诀

不知什么时候路边摊的“宵夜菜单”出现在电视里。符合年轻人的口味，各种各样的新尝试，无数的下酒菜和小吃，让观众不禁感叹人们夜里活动时间真是多。

但是夜间活动的人真的是为了必要的工作才忙到很晚然后去吃宵夜的吗？只是为了享受，还有为了显得合群，为了配合别人才会舍得时间……

时间管理就要从这些地方开始，在改变生活方式这样大的事上，有全身心的要去实践的意志的话，会创造出新的生活。

首先早点儿睡觉。切断所有妨碍要素，不管怎样都要早点儿睡觉。大概睡6个小时起来。10点左右睡着4点起床，11点左右睡着5

点起床，12点左右睡着6点起来。集中规划睡醒的时间。要做的事事先计划好，每天凌晨开始去做。

只有改变，才能从现在开始过上另一种生活。越是对自己的生活不满意，越是讨厌自己的生活，越是觉得自己的生活郁闷，越是要改变。要首先改变生活方式，那样生活才能改变。如果自己不改变，期待生活变得不同是痴人说梦。

●鲁佳小姐的拖延症

职场人鲁佳小姐总是把要做的事拖延到最后的期限才挣扎着去做，这种处理事情的方式是很不好的习惯。玩儿的时候因为工作的负担而压抑，总是不舒服不安，事情临近截止期限的时候再进行，休息的时间也像没休息一样。看到鲁佳小姐想要改掉自己的拖延症也够努力的，但是一点儿效果也没有。总是有事情要完美地处理好的强迫观念，可是完美的构思和结果在脑海里勾画不出来，所以开始都不能开始是问题所在。

所以鲁佳小姐向总是事先将事情处理好，在约定时间前完成工作的“事先小姐”请教了诀窍。

“事先小姐”的回答意外的简单。不要把“一定要做”说出来而是放在脑海中，才能集中精力去处理事情。不要一边准备和工作作战另一面又想要逃跑。“想这样做”和“这样可以做”，只说这样的话。自己要相信这样的话。向自己和别人大声说这样的话，不是失败而是向着成功的方向去描绘任务完成的样子。把精神只集中于事情的开始。记住计划好的事一定要去做，实践期间忘掉目的投入进去，迈出第一步的时候更要集中精神。

鲁佳小姐得到了勇气，带着感情专注地向着目标走去。

对别人宽容对自己严苛

●卡耐基的秘诀

L是领导很多员工的企业高管。他认为职员们只有不停地抓紧干活儿才能在激烈的公司竞争中生存下来。亲切、称赞、激励这样的词在他的字典里没有，他总是去指责职员们的失误或者错误，批评，说过分的话追究责任。没有喜欢他的职员，他一出现在公司，职员们都故意找事做，避开视线，谁也不轻易搭话。

他不久前从一位好朋友那儿收到了礼物，是一本书。平时基本没有时间读书的L把书放在办公室的一角好久，最近才拿出来读。那本书是卡耐基的《人际关系论》。L读完这本书受到了很大的冲击。那里面有一点让他印象深刻，书中指出相比无条件指示和批评，能够激起人的积极的欲望是多么重要。

L这才知道只知道批评、指示、指责的他是多么的无能，对不能称赞、激励、激起他人想要工作的欲望的自己太失望了，对不能对员工宽容地理解一点儿，袒护一点儿的做法十分后悔。

L首先练习对于职员们的失误用乐观的积极的话去激励。还有举成功的事例，一边问职员“这样看起来怎么样？”一边找到目标点。激起了职员们“啊，可以做了。想那样试试看”这样的想法。要称赞的事在很多人面前公开地公正地称赞，点燃了热情。这样他也看到了职员们不同的一面。

看到L的变化，公司职员们刚开始的表情分明在说“这个人是吃错东西了吗？突然这是怎么了？”知道他确实改变了才舒服地互相聊天。职员们都开始尊敬他，公司也发展得更好了。最近L无论是在公司还是在家里都感觉到了以前没能感觉过的幸福。

●所有都是“我的错”

天主教曾经展开过“我的错”的运动。制作广告贴纸贴在车的后面让开车的人可以看到。世上很多人把所有的错误都怪罪到别人身上转移责任，这是对这样的世态加以抨击的社会运动。

真正把自己的生活打理好的人是绝对不会把错误转嫁给别人的。在问题面前，成功的人不管怎样都承认自己的错误，努力地想要改善，相反，失败的人会毫不犹豫地说“我做错什么了？不是我的错”。

让尝试过失败和挫折的人向自己问责也不是容易的，说“是我的错”这样的话，自尊心会受伤也会让自己没有脸再站起来，但是越是能够正视自己错误的人越是能坚强地再站起来，会对自己更严格，坚决不再犯同样的错误，这样，就向成功又迈近了一步。

首先从小的事开始追究自己的责任吧，严格地注视自己管理自己。“哎，就这样啊。这么小的事做好做不好又能怎样？做大事做得更好就行了吧。”这样想要成功就困难了。从小的事情对自己严格的人会做成大事。要从小处着眼，培养好的习惯，不迟到，表情管理，比截止时间早一点儿地完成任务，自己找事做，还需要不停地鞭策自己不能懒惰。

通过独处了解自己

●了解自己才能战胜世界

人们总是想要了解别人，喜欢谈论别人。谈论别人的时候都不知道时间是怎么流走的。但是真的有人问“你是谁？是什么样的人”的时候，就吞吞吐吐的，不知道会不会因为太惊慌想要高呼“救命”。

一般情况我们不会问自己：“我是谁？我是什么样的人？”想要回答这个问题需要一个合适的笔记本。如果有一个这样的本子记录着我们的简历，关于我们自己的百科辞典，了解我们的过程会变得深刻又有宽度。

现在用只关于我们自己的百科词典来设计自己吧，用此作为底稿画出我们人生的画稿，还有5年后的样子，10年后要做的事也具体地描绘出来，开始我们新的人生。

●通过写来说

P在读、写、说方面都有障碍，那部分的学习能力明显很低。所以P的妈妈希望通过专业培训学校和课外老师的帮助来培养P的语言学习能力。但是不管什么办法都没有用。就这样，P的妈妈放弃了所有办法只跟P约定一件事，就是一天都不能落，每天写日记。

妈妈有一段时间是先写日记然后给P看，有时候还一起写日记。P刚开始觉得很难，但是因为妈妈在旁边帮助他，困难很容易就战胜了。小学毕业成为中学生后，就不再需要妈妈检查日记了，P也是坚持继续写没有停下。青春期的时候自己想说的话变得更多了，在日记里把自己的烦恼和彷徨都如实写了出来。

P现在是现代文学评论家。P回想自己暴风雨般的青春期能够平安地度过应该都是托了日记的福。在日记里把自己的所有心里话都倾诉出来，在一定程度上安定了自己的情绪，让自己的心态平和了。P毫不犹豫地说母亲给自己最大的礼物是写日记的习惯，因为那样自己才能过上现在的幸福生活。

写东西时每个词都来自于自己所读过的书，人们的生活中听、说是基本。读和写之间还包含一个过程——想。所以写是经历难度最高的过程，为了人类的意识表现最高的阶段。

微信的登场把我们的说、写、读自然地结合在一起，得以在媒体环境中生存。现在是好好管理博客也能得到专家的青睐，可以抓住出书机会的时代。新媒体时代中写作爆发，新登场的用语是Publicing。编辑出身的媒体语言学者长谷川一认为Publicing是由于网络的登场变化产生的，是为了与出版范例为基准的出版相区别而制造的用语。

即使是这样，在微信、微博上登场的所有的字也不是都有出版价值。不能把不假思索式的短文，电脑上的留言当作是写文章的行为。对于熟悉短文的青少年来说，想把自己的想法用文字表达的话，会写出没有文学性不通顺的文章。读和写之间一定包含自己认识的过程，才能把文章写好。

坚持不懈地收集生命的数据吧，这么做很重要很有价值。谁都能去读，去想，去写，通过收集数据来谋求有价值的生活。

女性的时代

●专业意识是名品魅力！

虽然标题说是“女性的时代”，但是目前女性们的社会参与度和社会贡献度还是很低，“给同样的钱选拔职员，说实话与女性比较要选择男性”，这样说的企业人事负责人还有很多，理由是什么呢？

女性有着比男性更多的优势和强项，特别是同时处理多项任务是女性的强项。女性打电话的时候可以指示工作，吃着三明治可以操作电脑。可以看出，同时完成好几个任务的才能是女性与男性有差别的部分，因此根据职能不同可以看出比男性更优秀的资质。

但是在组织中，对女性来说作为职业人一定要有“专业意识”。诚实和不放弃的韧性，对事情的挑战精神和热情比什么都重要。不要只做交给你的任务，有挑战性地去找事情做，代替回避困难和辩解，要强化挑战和负责任的意识。想要承担重要的大事，要先想集体的利益，然后才是满足个人的野心。没有这种意识的培养和锻炼，每次都被排除在大的机会之外，在晋升中被遗漏，也就是难免的事了。

想想我们为什么工作。女性对于工作的价值观没有任何想法，这让人惊讶。有不想做事的女性；还有最近因为男性不喜欢没有工作的女性，即使不喜欢的事也要做，直到和喜欢的人结婚为止，有这样想法的女性也不少。与其这样想，倒不如说为了不用父母拿结婚费用，为了赚子女们的教育费等等明显的具体的理由会更好一点儿。

当然男性也是，虽然不是自己想做的事，但为了妻儿没有办法也要工作的情况很多。被现实的理由拖住后腿，不适合现在做的事，不喜欢也要克服，不能辞职的人有很多。但是即使现实是那样，如果不能鼓起勇气去开始自己喜欢的事，还是要在工作中寻找幸福，努力寻求发展。我们认真工作的理由都是吃得好生活得好，最终得到幸福。为了野心工作会总是觉得职位不够高，工作不满意。因为野心是没有被填满的时候的。但是我们在现在的位置，想着现在能工作本身就很幸福。以这个为出发点，对事情的态度就改变了。

不要受他人的影响，首先听我们内心的声音，相信自己。那样就不会愧对自己，并让其成为比任何人都能圆满完成任务的动力。比起穿得很美像画一样坐在那儿的女性，认真工作的女性在任何时候看起来都很美。